WordPressの
カスタマイズが
わかる本

相原知栄子　大曲 仁
CHIEKO AIHARA　HITOSHI OMAGARI
監修：プライム・ストラテジー株式会社
PRIME STRATEGY CO.,LTD.

本書内容に関するお問い合わせについて

本書に関するご質問、正誤表については、下記のWebサイトをご参照ください。

正誤表　　　　http://www.shoeisha.co.jp/book/errata/
刊行物Q&A　　http://www.shoeisha.co.jp/book/qa/

インターネットをご利用でない場合は、FAXまたは郵便で、下記にお問い合わせください。

〒160-0006　東京都新宿区舟町5
（株）翔泳社 愛読者サービスセンター
FAX番号：03-5362-3818

電話でのご質問は、お受けしておりません。

※本書に記載されたURL等は予告なく変更される場合があります。
※本書の出版にあたっては正確な記述につとめましたが、著者や出版社などのいずれも、本書の内容に対してなんらかの保証をするものではなく、内容やサンプルに基づくいかなる運用結果に関してもいっさいの責任を負いません。
※本書に掲載されているサンプルプログラムやスクリプト、および実行結果を記した画面イメージなどは、特定の設定に基づいた環境にて再現される一例です。
※そのほか本書に記載されている会社名、製品名はそれぞれ各社の商標および登録商標です。
※本書の内容は、2016年3月執筆時点のものです。

本書のサンプルサイトおよびダウンロードデータに使用している写真について

本書で制作するサンプルサイトは、ぱくたそ（https://pakutaso.com）の写真素材を使用しています。ダウンロードデータに同梱の写真を継続して利用する場合は、ぱくたそのご利用規約（http://www.pakutaso.com/userpolicy.html）に同意していただくか、ぱくたそ公式サイトからご自身でダウンロードしていただく必要があります。同意しない場合は、写真のご利用はできませんのでご注意ください。

はじめに

　「書籍や検索サイトなどで調べた手順やコードがどのような意味をもっているのか、疑問に思いながらもただその通り進めてしまった」「どうやってテーマを構成すればよいのかわからず、既存の形に当てはめてしまった」などという経験はないでしょうか。

　実際のサイト制作を進めていくうえでは、それぞれのケースにあわせて「どうしたらWordPressを使ってさまざまな要求を満たすことができるのか」ということを、ひとつひとつ考えていかなければなりません。

　本書はそのために必要な、「制作における考え方や手順への理解」を深め、「テーマを作成する基礎力」をつけることを目的として書いたものです。ステップ・バイ・ステップでひとつのテーマを作っていく形は取らず、考え方の基礎となる部分を中心に丁寧に説明することを心がけました。

次のステップへどうやって進んだらよいかを迷っている方へ　～主な対象者～

　本書は「一度は書籍等を読みながらWordPressのテーマ作成の基本的な手順を経験したことはある」けれど、

- 基本的な手順の意味がよく理解できなかった
- サンプルのテーマ以外のものを作ろうとすると、どこから手をつけてよいかわからなくなってしまう

など、「次のステップへどうやって進んだらよいかを迷っている」方へ向けて書いた本です。

この本の特徴と使い方

　本書はPART1からPART3までの3部構成となっています。

　PART1では、制作環境の準備とWordPressのテーマついての基礎知識・WordPressでサイトの構成をする際の考え方について、PART2ではサンプルサイトを例として具体的な考え方と制作方法を説明しています。PART3ではサイト制作や運用に付加価値を与えるいくつかの有用な方法を具体的に紹介しました。

　また、本文内のコードや関連するテンプレートタグなどについても、できるだけ解説をしています。

　「この本の使い方」を読んで、この本で目指すことのイメージをつかんでから、読み進めてください。そして、読み終えた後は、ぜひご自身でサイトの設計図を書き、自由にテーマを作成してみてください。きっと今までよりも自由にテーマが作れるようになっているはずです。

2016年　3月
執筆者を代表して
相原　知栄子

目　次

◯ Part 1　準備編

Chapter 01　テスト環境とインストール

01-01　テスト環境を作り、サイト開発・運用の準備をする ……………………… 012
01-02　安全なインストールとインストール後の設定手順 ………………………… 018

Chapter 02　WordPressのテーマの基本を理解する

02-01　テーマのファイル構成を理解する ………………………………………… 026
02-02　テンプレート階層を理解する ……………………………………………… 031
02-03　オリジナルテーマを作成する方法を理解する …………………………… 035

Chapter 03　WordPressサイト設計図を作る

03-01　更新されるページと更新されないページを整理する …………………… 042
03-02　読み込むページ、読み込まれるページの関係を掴む …………………… 049
03-03　テンプレート階層をもとに必要なテンプレートファイルを決定する …… 055
03-04　テーマ作成の初期作業 ……………………………………………………… 058

◯ Part 2　制作編

Chapter 04　固定ページを作成する

04-01　WordPressループを使ってコンテンツを表示する ……………………… 068
04-02　固定ページの親子関係と順序を利用する ………………………………… 074
04-03　固定ページごとに表示内容やデザインを変える ………………………… 080

Chapter 05　ブログを作成する

05-01　個別投稿ページを作成する ………………………………………………… 087
05-02　アーカイブページを作成する ……………………………………………… 096
05-03　ブログのトップページを作成する ………………………………………… 106
05-04　複数のブログを作成できるマルチサイトを理解する …………………… 112

Chapter 06　画像の管理と活用方法

06-01　画像の管理について ································ 124
06-02　アイキャッチ画像を活用してサムネイル画像を表示する ····· 129
06-03　カスタムヘッダー画像を表示する ····················· 134
06-04　画像に関してあらかじめ指定しておくべきCSS ············ 137

Chapter 07　カスタム投稿タイプとカスタム分類を作成する

07-01　カスタム投稿タイプの特徴を理解する ················· 140
07-02　カスタム投稿タイプを作成する ····················· 146
07-03　カスタム分類を作成し、カスタム投稿タイプの分類を管理する ····· 151
07-04　カスタム投稿タイプの個別投稿ページを作成する ········· 159
07-05　カスタム投稿タイプのアーカイブページを作成する ········ 164

Chapter 08　カスタムフィールドを利用する

08-01　カスタムフィールドを理解する ····················· 167
08-02　プラグインでカスタムフィールドを拡張する ············· 171
08-03　カスタムフィールドを使って、
　　　　複雑なページレイアウトを簡単に更新できるようにする ······· 180

Chapter 09　カスタムメニューを利用する

09-01　カスタムメニューを理解する ······················· 188
09-02　カスタムメニューの位置を定義して表示する ············· 192
09-03　カスタムメニューをデザインする ····················· 196

Chapter 10　ウィジェットを利用する

10-01　ウィジェットを理解する ··························· 201
10-01　ウィジェットを利用できるようにする ·················· 203

Chapter 11　WordPressループを活用する

11-01　メインループを理解する ··························· 206
11-02　サブループを理解する ····························· 210
11-03　トップページに様々な情報を読み込んで表示する ·········· 212
11-04　特定の親ページに子ページの一覧を表示させる ··········· 217
11-05　ブログの個別投稿ページに関連記事を表示する ··········· 219

Chapter 12　ユーザーとのコミュニケーション

12-01	ソーシャルサービスと連携したコメント欄を作成する	224
12-02	記事にソーシャルボタンを表示する	230
12-03	Facebookと連携する	234
12-04	Twitterと連携する	239
12-05	お問い合わせフォームを設置する	244

● Part 3　運用編

Chapter 13　サイトの使い勝手をよくする小技

13-01	パンくずナビゲーションを表示する	252
13-02	ページングを導入する	258
13-03	サイトマップを表示する	262
13-04	ローカルナビゲーションを表示する	266

Chapter 14　効率よく運用するヒント

14-01	ユーザーと権限グループについて理解する	271
14-02	権限をカスタマイズする	274
14-03	管理画面に表示するメニューを変更する	277
14-04	ビジュアルエディタの表示を実際の表示と合わせる	281
14-05	定型文などを簡単に入力・表示できるようにする	283
14-06	フォームや管理画面をSSLで守る	289

Chapter 15　運用とトラブルシューティング

15-01	バックアップする、バックアップからサイトを復元する	292
15-02	異なるドメイン（URL）へ安全に引越す	300
15-03	トラブルのない運用のために	303
15-04	デバッグプラグインを活用する	307

Chapter 16　すぐにできるパフォーマンス改善とSEO対策

| 16-01 | キャッシュを利用して読み込みを高速化する | 310 |
| 16-02 | 適切なメタ情報を設定する | 313 |

| 索引 | 316 |

この本でできること

本書はそれぞれ以下のような目的を持つ、Part1からPart3の3部構成になっています。

Part1(Chapter1 〜 Chapter3)
テスト環境の作り方とWordPressでのサイト作成の考え方について理解する

Part2(Chapter4 〜 Chapter12)
サンプルテーマ作成を題材にWordPressとテーマ作成の方法についての理解を深める

Part3(Chapter13 〜 Chapter16)
サイトの価値やユーザビリティを高め、運用で役に立つ実用的な手法について知る

Part1	**Chapter1　テスト環境とインストール** テスト環境を作成するメリットについて考え、テスト環境の作成の仕方とWordPressのインストールの方法を理解します。 **Chapter2　WordPressのテーマの基本を理解する** デフォルトテーマを例にテーマの構成やテンプレート階層について理解し、テーマを作る基本的な方法について理解します。 **Chapter3　WordPressサイト設計図を作る** ページの特徴から、サイトの設計図を作成し、テーマの構成を考えます。テーマ作成の初期作業について理解します。
Part2	**Chapter4　固定ページを作成する** 記事を表示する基本の仕組みである「WordPressループ」について理解します。「WordPressループ」を利用して、固定ページのテンプレートを作成します。また、固定ページでのページの親子関係の利用方法やページごとにデザインを変える方法について紹介しています。 **Chapter5　ブログを作成する** ブログの基本構成である、個別投稿ページ・アーカイブページ・ブログのトップページの作成方法を理解します。 また、複数のブログを一つのWordPressで管理するマルチサイトの基本についても理解します。 **Chapter6　画像の管理と活用方法** WordPressでの画像の管理について理解し、アイキャッチ画像やカスタムヘッダーを使えるようにします。 **Chapter7　カスタム投稿とカスタム分類を作成する** カスタム投稿とカスタム分類とは何かを理解し、カスタム投稿の個別投稿ページとアーカイブページを作成します。 **Chapter8　カスタムフィールドを利用する** カスタムフィールドについて理解し、プラグインを利用してカスタムフィールドを拡張し、サイト制作をする考え方と方法を学びます。 **Chapter9　カスタムメニューを利用する** カスタムメニューについて理解し、カスタムメニューを利用したメニュー制作と、メニューのデザインの方法を学びます。 **Chapter10　ウィジェットを利用する** ウィジェットについて理解し、ウィジェットエリアを作成します。 **Chapter11　WordPressループを活用する** メインループとサブループについて理解し、ループを活用した制作の考え方と方法を学びます。 **Chapter12　ユーザーとのコミュニケーション** ユーザーとのコミュニケーションをはかるための、ソーシャルサービスとの連携や、問い合わせフォームの作成方法を説明します。
Part3	**Chapter13　サイトの使い勝手をよくする小技** パンくずナビゲーションやページングの導入など、サイトのユーザビリティを高める方法を説明します。 **Chapter14　効率よく運用するヒント** ユーザーの権限の変更や管理画面のメニューの変更、投稿エディタの拡張やSSLの導入など、サイトの運用を的確に進めるための方法を説明します。 **Chapter15　運用とトラブルシューティング** バックアップやサイトの引っ越し、トラブルシューティングの考え方や方法を紹介しています。 **Chapter16　すぐにできるパフォーマンス改善とSEO対策** ページキャッシュを利用したパフォーマンスの改善とSEO対策について紹介しています。

この本の使い方

本書では、以下のようにページが構成されています。

❶ CTAPTERのタイトル
❷ SECTIONのタイトル
❸ そのSECTIONでできること
❹ ソースコードとコードの解説
❺ 注意すべきこと
❻ 関連情報や注意など、覚えておきたいこと

1. ページの構成

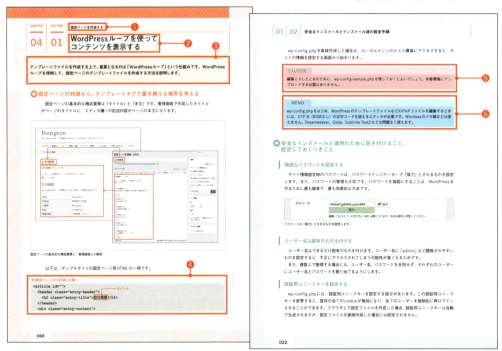

2. ソースコード

本書では、ソースコードを3つに分類しています。

❶テーマ内コード
ダウンロードデータのサンプルテーマ「bourgeon」に含まれるコードと、説明の途中経過のコード

CODE　サンプルサイトでのタグを表示するコード (single.php)

```
<span class="tag-links"><?php the_tags( ' | <span class="genericon genericon-tag">
</span>', ', ', ' ); ?></span>
```

❷サンプルコード
テーマには含まれないが、サンプルテーマの応用として表示しているコードで、サンプルテーマ「bourgeon」の「sample」フォルダに格納されているもの

CODE　サンプルサイトでのタグを表示するコード (single.php)

```
<span class="tag-links"><?php the_tags( ' | <span class="genericon genericon-tag">
</span>', ', ', ' ); ?></span>
```

❸その他のコード
ダウンロードデータに含まれないコード

▼get_the_category()を使ってカテゴリー名を表示するコードの例

```
<?php
    echo esc_html( $cat->name );
?>
```

❶と❷は、途中経過のものを除き、ダウンロードデータ内で実際のソースコードを確認することができます。

008

ダウンロードデータについて

ダウンロードデータには執筆時に動作確認を行ったWordPress本体のソースコード一式、サンプルのテーマ、書籍本文に含まれるプラグインとアプリケーションが同梱されています。本文の該当の箇所の動作確認の際にはダウンロードデータをお使いください。なお同梱の写真を使用する際は、利用規約がありますので、必ずreadme.txtをお読みください。

また、本文中に「ダウンロードしてください」と書かれているものについては、「ダウンロードデータを使って下さい」と読み替えて進めてください。

ダウンロードデータの構成

applications	Chapter1で使われるテスト環境構築のためのアプリケーションとChapter15のサイトの引っ越しの際に使うアプリケーションが含まれています。 ・MAMP_MAMP_PRO_3.5.pkg ・Search-Replace-DB-master.zip ・xampp-win32-5.6.15-1-VC11-installer.exe
wordpress	執筆時の最新バージョンであるWordPress4.4日本語版が含まれています。 ・WordPress 4.4日本語版ファイル群
themes	サンプルのテーマ「bourgeon」が含まれています。 ・bourgeon
plugins	本文内で説明をしているプラグインが含まれています（column、memo等で紹介しているものは含みません） ・addquicktag.2.4.3.zip（＊）　　　　　　・admin-menu-editor.1.5.zip（＊） ・advanced-custom-fields.4.4.4.zip　　　・akismet.3.1.6.zip（＊） ・backwpup.3.2.2.zip（＊）　　　　　　　・contact-form-7.4.3.1.zip（＊） ・custom-post-type-permalinks.1.3.1.zip　・debug-bar.0.8.2.zip（＊） ・debug-bar-extender.zip（＊）　　　　　・jetpack.3.8.2.zip（＊） ・only-tweet-like-share-and-google-1.1.7.7.zip（＊）・posts-to-posts.1.6.5.zip（＊） ・ps-taxonomy-expander.1.2.1.zip　　　　・tinymce-templates.4.4.2.zip ・trust-form.2.0.zip　　　　　　　　　　・user-role-editor.4.21.1.zip（＊） ・wordpress-https.3.3.6.zip（＊）　　　　・wp-sitemanager.1.1.6.zip ・wp-social-bookmarking-light.1.8.1.zip（＊）・yet-another-related-posts-plugin.4.2.5.zip（＊）
html	テーマを作成する元となるHTMLの例です。

（＊）は有効化必須ではないプラグインです。

ダウンロードデータの使い方と取得

ファイルは圧縮されていますので解凍して使ってください。

applications	Chapter1とChapter15の手順に従って利用してください。
wordpress	Chapter1の手順に従いインストールしてください。
themes	WordPressのwp-content/themesディレクトリにテーマフォルダごとアップロードし、またはコピーし、管理画面から有効化してください。
plugins	WordPressのwp-content/pluginsディレクトリにアップロード、またはコピーし、管理画面から有効化してください
html	テーマ作成元となるHTMLの例です。手順の確認などに使ってください。

ダウンロードデータは以下のURLにあるダウンロードタブからダウンロードしてください。
http://www.shoeisha.co.jp/book/detail/9784798130934/

サンプルテーマについて

　サンプルテーマ「bourgeon」は、本書を読み進めながら実際の動きやソースコードを確かめるために作成されたものです。
　テンプレートファイル、ソースコード、CSSは最小限のものとなっているため、実際に公開するサイトでそのまま利用するには適したものとなっていませんので注意してください。

サンプルテーマの使い方

テーマ内コード	本書で、テーマ内コードとして提示しているものは「bourgeon」に含まれています。
サンプルコード	テーマ内の「sample」フォルダ内には、テーマには含まれないが、サンプルテーマの応用として表示しているコードが含まれています。

　テーマ内に以下のようにコメントアウトされた読み込み用のテンプレートタグが書かれています。
　動作を確認するときは以下の例のように適宜コメントアウトを外してください。

```
<?php // get_template_part( 'sample/sidebar-page-1' ); ?>  ----- sampleフォルダ内のsidebar-page-1.phpを読み込む
```

```
<?php  get_template_part( 'sample/sidebar-page-1' ); ?>
```

その他

用語について

HTML/CSS	本書ではHTML/CSSについては、HTML5、CSS3(CSS2)で記述しています。HTML/CSSと記載しているものは、適宜HTML5/CSS3(CSS2)に読み替えてください。
MySQL /MariaDB	Chapter1で取り上げているXAMPPでは、データベースにMariaDBが採用されています。MariaDBはMySQLから派生したオープンソースのリレーショナルデータベース管理システムです。XAMPPの管理画面では、「MySQL」と書かれています。本書ではMySQLと統一して記述しています。
WordPress最新版	本書で「WordPress最新版」と記述しているものは執筆時の最新版である「WordPress4.4日本語版」です

ブラウザ対応について

　執筆時に動作確認をしているのは以下のブラウザです。

Windows	Internet Explorer 11 / Microsoft Edge 25 /Firefox 43 /Google Chrome 47
Mac	Safari 7 /Google Chrome 46

サンプルサイトについて

　本書のサンプルサイトは、以下のURLで見ることができます。
　http://bourgeon.webourgeon.net/

○ 準備編

Chapter 01	テスト環境とインストール	012
Chapter 02	WordPressのテーマの基本を理解する	026
Chapter 03	WordPressサイト設計図を作る	042

CHAPTER 01 SECTION 01　テスト環境とインストール

テスト環境を作り、サイト開発・運用の準備をする

テスト環境を作ることによって、WordPressでのサイト制作や公開後の運用を、安全かつ効率的に進めることができます。ここでは、テスト環境の作り方について説明します。

○ テスト環境を作るメリット

　　Webサイトを制作するには、公開するまでの間、十分にテストできる環境が必要です。また、制作中のサイトがインターネットからアクセス可能な公開状態になっているのはあまり好ましくありません。そのため、非公開の状態で制作・テストをするためのテスト環境が必要になります。

　　また、多くの場合Webサイトは、公開後もコンテンツや新しい機能を追加していくことになるでしょう。WordPressで制作したサイトであれば、WordPressやプラグインなどのバージョンアップにも対応していかなかればなりません。このような場合にもテスト環境があれば、公開中のサイトに影響を与えることなく、安心してテストすることができます。

　　サイトを公開するための本番環境をテスト環境として利用することも可能ですが、公開後の運用なども考え、別途テスト環境を準備しましょう。

サイト公開後の運用を考えると、別途テスト環境を持つ方がよい

○ テスト環境の種類

　　テスト環境を作るには、2つの方法があります。

- ローカルマシン（PC）に作る
- サーバーに作る

　　WordPressを使うためには、どちらの場合でもApache、PHP、MySQLおよびMariaDBなどのMySQL互換データベースなどのミドルウェアが必要です。

なお、以降の操作画面中でMariaDBの記述がある場合は、MySQLと読み替えるものとします。

ローカルマシンにテスト環境を作る

ローカルマシンに本番環境と同じような環境を作ります。ローカルマシンのテスト環境であれば、「サーバーにアップロードして確認する」という手順が不要になるので、効率的に開発を進めることができます。また、WordPressのようにPHPを利用する場合には、プログラムのミスでサーバーに負担を与えてしまうことがありますが、ローカルマシンではそのような心配はありません。学習用の環境としても最適です。

ただし、ローカルマシンのテスト環境では、メールの送信、一部のソーシャルサービスとの連携など、一部確認しにくい機能もあります。また、サーバーのスペックやApache、PHP、MySQLのバージョンなど、完全に本番環境と同じ環境を作ることも難しいものです。

そのような場合には、サーバーのテスト環境や本番環境での確認も必要になります。

サーバーにテスト環境を作る

実際のサーバーにテスト環境を作ります。ローカルマシンのテスト環境では確認するのが難しい機能もテストできます。また、外部からのアクセスが可能なので、共同作業やクライアントワークでの確認作業などに適しています。

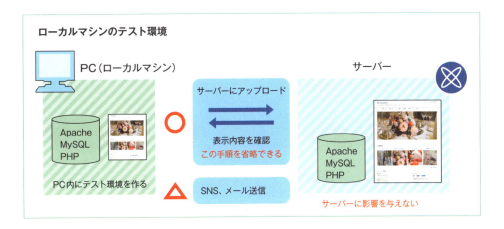

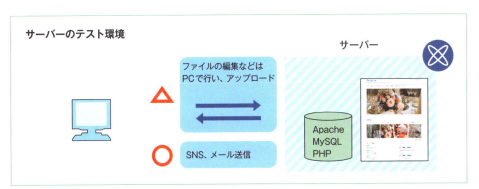

ローカルマシンのテスト環境と、サーバーのテスト環境との違い

また、この2つのテスト環境の特徴を利用して、基本的な開発はローカルマシンのテスト環境で進め、サーバーのテスト環境で最終確認後公開する、というのも1つの方法です。

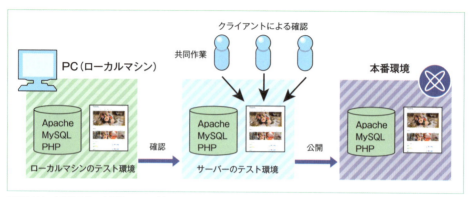

2種類のテスト環境を使った開発フローの例

それでは、WordPressでのサイト制作をするためのローカルマシンのテスト環境を準備していきましょう。

> **MEMO**
> テスト環境と本番環境では、WordPressをインストールするURLが変わります。テスト環境から本番環境に移行するには、データベースに保存されたサイトのURLも書き換える必要があります。詳しくは、Chapter 15の02で説明します。

ローカルマシンのテスト環境の作り方

ローカルマシンのテスト環境を作るには「MAMP」や「XAMPP」といった、簡単に環境を作ることができるソフトウェアがあるので、それらを利用しましょう。手順としては、MAMPやXAMPPをインストール後、データベースを作成し、WordPressをインストールする準備をします。

> **MEMO**
> MAMPやXAMPPの他にも以下のツールがあります。中にはWordPressのインストール機能が付いているものもあります。
> - WebMatrix　http://www.microsoft.com/japan/web/webmatrix/
> - Ampps　http://www.ampps.com/
> - Bitnami　https://bitnami.com/
> - DesktopServer　https://serverpress.com/products/desktopserver/
>
> また、最近ではVagrant（https://www.vagrantup.com/）のように、簡単に仮想マシンを構築することができるソフトウェアもあります。公開されている設定ファイルを利用したり、その他の自動化ツールを組み合わせることにより、WordPressのインストール済みの環境を簡単に構築できるようになること、開発にも様々なツールを導入しやすいことなどから注目を浴びています。導入にいくつかの手順は必要ですが、開発を進めていく上でのメリットは大きいので、導入を検討する価値はあるで

しょう。
　また、gitなどのバージョン管理システムを利用して、開発のフローをよりスムースに確実に行う方法を利用することが増えています。ここでは触れませんが、基本的な考えを理解した上で、興味のある方はバージョン管理の導入も検討してみてください。

Mac OS Xにローカルマシンのテスト環境を作る

　Mac OS X向けの代表的なツールとしてはMAMPやXAMPPがあります。ここでは、より利用者が多いMAMPを使います。MAMPをインストールしてみましょう。

❶　MAMPのサイトにアクセスし、無料版をダウンロードします。執筆時のMAMPのバージョンは3.5です。Apache 2.2.29、PHP 5.6.10〜7.0.0、MySQL 5.5.42がインストールされます。
https://www.mamp.info/en/

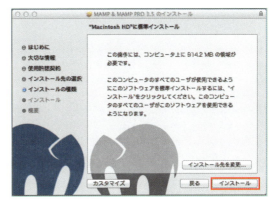

❷　案内に従ってインストールします。通常の手順ではPRO版も一緒にインストールされます。PRO版が不要の場合は、[カスタマイズ]を選択し、[MAMP PRO]のチェックを外してインストールを実行します。

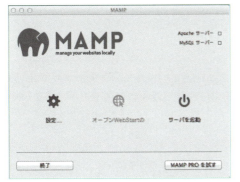

❸　インストール完了後、アプリケーションフォルダにアクセスして、MAMPを起動します。通常、MAMPアプリを起動すると、ApacheとMySQLも同時に起動します（緑ランプ）。起動していない場合（赤ランプ）は、[サーバを起動]ボタンをクリックします。

❹　オープンWebStartのボタンをクリックして、MAMPのスタートページを開きます。図のページが表示されたら、MAMPのインストールは成功です。

　MAMPは、特に設定を変更しなくてもそのまま使うことができます。また、[環境設定]において、ApacheとMySQLのポートの変更、PHPのバージョンの選択、ドキュメントルートの変更を行うことができます。

01 | 01 テスト環境を作り、サイト開発・運用の準備をする

ApacheとMySQLのポートを変更できます。

PHPのバージョンを選択できます。ここでは互換性確保のため、「5.6.10」を選択してください。PHPのバージョン切り替えの際にはサーバーが停止しますので、「サーバを起動」ボタンで再起動させてください。

デフォルトでは、「アプリケーション/MAMP/htdocs」がドキュメントルートになりますが、ここで変更できます。

> **MEMO**
> 本書では詳しく触れませんが、MAMPでは、WebサーバーにNginxを選択することもできます。

Windowsで ローカルテスト環境を作る

Windows向けの代表的なツールとしてはXAMPPがあります。XAMPPをインストールしてみましょう。

❶ XAMPPのサイトにアクセスし、XAMPPインストーラをダウンロードします。執筆時のXAMPPのバージョンは5.6.15です。Apache 2.4.17、PHP 5.6.15、MariaDB 10.1.9がインストールされます。
https://www.apachefriends.org/jp/index.html

❷ インストーラを起動し、案内に従ってインストールします。コンポーネントの選択はデフォルトのままで特に問題はありません。インストール先は、変更するとうまくインストールできないことがあるので、デフォルトのままがよいでしょう。

❸ インストール完了後、XAMPPをすぐに起動するかどうか聞かれるので、チェックボックスにチェックを入れて「Finish」をクリックし、XAMPPを起動します。XAMPPコントロールパネル画面で、ApacheとMySQLの[Start]ボタンをクリックして起動させます。

01 | 01 テスト環境を作り、サイト開発・運用の準備をする

データベースを作成する

　MAMPやXAMPPのインストールが完了したら、どちらの場合でも、phpMyAdminにログインしてデータベースを作成します。phpMyAdminへのアクセス方法は異なりますが、データベースの作成方法は同じです。

MAMP：スタートページのMySQL見出しの下にある［phpMyAdmin］のリンクをクリックします。

XAMPP：コントロールパネルのMySQLの［Admin］ボタンをクリックします。

　phpMyAdminにログインしたら、データベースの作成画面で任意のデータベース名を入力し、［作成］ボタンをクリックします。同梱されているphpMyAdminのバージョンによって見た目がかなり変わりますが、データベースを作成する手順に変わりはありません。

任意のデータベース名を入力し、［作成］ボタンをクリックします。ここでは、データベース名を「wordpress」としています。

017

CHAPTER	SECTION	テスト環境とインストール
01	**02**	

安全なインストールと
インストール後の設定手順

WordPressのインストールや基本設定は簡単ですが、安全にインストールし、運用していくために気を付けたいことについても説明します。

● WordPressのインストールと基本設定

ここでは、Chapter 01の01で作成したローカルマシンのテスト環境にWordPressをインストールします。あらかじめ、MAMPやXAMPPを起動し、ApacheとMySQLも起動しておきます。

WordPressをダウンロードし、ファイルをhtdocsフォルダに移動する

WordPress日本語ローカルサイト（https://ja.wordpress.org/）から、最新のWordPress日本語版をダウンロードします。（本書ではバージョン4.4を使用します）。解凍した「wordpress」フォルダ内のファイル群を、htdocsフォルダに移動させます。その際、デフォルトで配置してあるindex.phpは上書きしてください。htdocsの位置はデフォルトでは以下の通りです。なお、htdocs以下に新たにディレクトリを作成して、WordPressをインストールすることも可能です。

- **MAMP（Mac OS X）　アプリケーション/MAMP/htdocs**
- **XAMPP（Windows）　C:\xampp\htdocs**

WordPressの設定ファイルを作成する

ローカルマシンのテスト環境にWordPressをインストールします。はじめに、WordPressの設定ファイルを作成します。

ブラウザで下記のアドレスにアクセスすると、設定ファイルの説明ページが表示されますので、「さあ、始めましょう！」のボタンをクリックして、次に進みます。

- **MAMP　http://localhost:8888/**
- **XAMPP　http://localhost/**

01 | 02　安全なインストールとインストール後の設定手順

［さあ、始めましょう！］ボタンをクリックします。

　次に、データベース名／ユーザー名／パスワード／データベースのホスト名／テーブル接頭辞を設定します。1つのデータベースに複数のWordPressをインストールする場合は、テーブル接頭辞をそれぞれ異なるものにします。

データベース名／ユーザー名／パスワード／データベースのホスト名／テーブル接頭辞を入力します。

　各項目は、MAMPとXAMPPのデフォルトでは以下のようになっています。

	MAMP	XAMPP
データベース名	Chapter 01の01で設定したデータベース名（ここではwordpress）	Chapter 01の01で設定したデータベース名（ここではwordpress）
ユーザー名	root	root
パスワード	Chapter 01の01で設定したパスワード	※パスワードは設定されていません（空）
データベースのホスト名	localhost	localhost

01 | 02　安全なインストールとインストール後の設定手順

　ここまでで、WordPressの設定ファイルの作成は終わりです。次に、サイトの設定をして、インストールを完了させましょう。

WordPressサイトの情報を設定する

　サイトのタイトル／ユーザー名／パスワード／メールアドレス／検索エンジンでの表示を設定します。

サイトのタイトル／ユーザー名／パスワード／メールアドレスなどを設定します。

　テスト環境の場合、検索エンジンにインデックスされることは望ましくないので、［検索エンジンでの表示］の［検索エンジンがサイトをインデックスしないようにする］にチェックを付けます。本番環境に公開するときは、［設定］＞［表示設定］の検索エンジンでの表示で「検索エンジンがサイトをインデックスしないようにする」のチェックを外すのを忘れないようにしましょう。

> **CAUTION**
>
> 公開時に「検索エンジンがサイトをインデックスしないようにする」のチェックを外し忘れて、何ヶ月も検索エンジンを拒否し続けていた、というような運用の失敗は意外に多くあります。それを防ぐプラグインに「Stop the Bokettch」があります。このプラグインをインストールすると、「検索エンジンがサイトをインデックスしないようにする」にチェックが入っている場合、管理バーにアラートが表示されます。https://wordpress.org/plugins/stop-the-bokettch/

> **CAUTION**
>
> サーバー上にテスト環境を作った場合は、そのままでは一般ユーザーがアクセスできてしまいますし、検索エンジンにインデックスされてしまいます。「検索エンジンがサイトをインデックスしないようにする」のチェックを外しても、インデックスされるかどうかは検索エンジンの判断にゆだねられてしまいます。basic認証やIPによるアクセス制限をあわせて行うのが望ましいでしょう。

01 | 02 安全なインストールとインストール後の設定手順

設定ファイルを直接作成する

通常、設定ファイルはブラウザからの入力により作成されますが、サーバーの環境によっては、ブラウザで設定ファイルを作成できないこともあります。その場合は、設定ファイル（wp-config.php）を直接作成します。

また、テスト環境で作成したWordPressを本番の環境に移すとき、デバッグをするとき（Chapter 15の04参照）などに、wp-config.phpの編集が必要になることもあります。wp-config.phpの設定方法も合わせて覚えておきましょう（参照：http://wpdocs.osdn.jp/wp-config.php_の編集）。

htdocs直下に移動したWordPressファイル群内にあるwp-config-sample.phpを複製し、「wp-config.php」と名前を変更します。そして、27行目付近から始まる設定項目を編集します。

▼wp-config.phpの設定項目を編集する

```
define('DB_NAME', 'database_name_here');          ❶

/** MySQL データベースのユーザー名 */
define('DB_USER', 'username_here');     *         ❷

/** MySQL データベースのパスワード */
define('DB_PASSWORD', 'password_here');           ❸

/** MySQL のホスト名 */
define('DB_HOST', 'localhost');                   ❹

(略)

$table_prefix  = 'wp_';
```

❶ database_name_hereを設定したデータベース名に差し替えます。
❷ username_hereを設定したデータベースのユーザー名に差し替えます。
❸ password_hereを設定したデータベースのパスワードに差し替えます。
❹ ローカルマシンのテスト環境では変更する必要はありません。レンタルサーバーやクラウドのサーバーでは、設定が必要な場合があります。

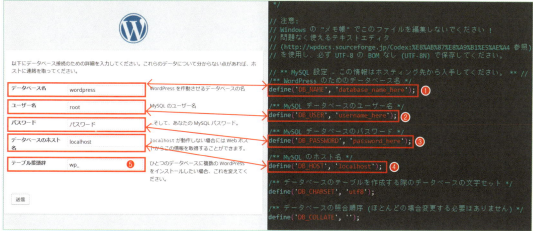

wp-config.phpとブラウザでの設定の関係

wp-config.phpを直接作成した場合は、ローカルマシンのテスト環境にアクセスすると、サイトの情報を設定する画面から始まります。

> **CAUTION**
> 編集ミスしたときのために、wp-config-sample.phpを残しておくとよいでしょう。本番環境にアップロードする必要はありません。

> **MEMO**
> wp-config.phpをはじめ、WordPressのテンプレートファイルなどのPHPファイルを編集するときには、UTF-8（BOMなし）の文字コードを扱えるエディタが必要です。Windowsのメモ帳などは使えません。Dreamweaver、Coda、Sublime Text2などは問題なく使えます。

安全なインストールと運用のために気を付けること、設定しておくべきこと

強固なパスワードを設定する

サイト情報設定時のパスワードは、パスワードインジケーターで「強力」とされるものを設定します。また、パスワードの管理も大切です。パスワードを強固にすることは、WordPressを守るために最も簡単で、最も効果的な方法です。

パスワードは「強力」とされるものを設定します。

ユーザー名は固有のものを付ける

ユーザー名はできるだけ固有のものを付けます。ユーザー名に「admin」など類推されやすいものを設定すると、不正にアクセスされてしまう可能性が高くなるためです。

また、複数人で管理する場合にも、ユーザー名、パスワードを共用せず、それぞれのユーザーにユーザー名とパスワードを割り当てるようにします。

認証用ユニークキーを設定する

wp-config.phpには、認証用ユニークキーを設定する部分があります。この認証用ユニークキーを変更すると、既存の全てのcookieが無効になり、全てのユーザーを強制的に再ログインさせることができます。ブラウザ上で設定ファイルを作成した場合、認証用ユニークキーは自動で生成されますが、設定ファイルを直接作成した場合には設定されません。

認証用ユニークキーは、WordPress.orgの秘密鍵サービスにアクセスすると自動生成されます。これをwp-config.phpの認証用ユニークキー部分の該当のコードと差し替えます。

```
define('AUTH_KEY',        '024_&I-VIU%-Xj>6PjVF;Ah@nk(y]SO`_BHw56OUADp;]V+Ks p!ut3qR3lnXbCA');
define('SECURE_AUTH_KEY',  '>/*>Y-Oq>Il35Ws<vKJ-H;KfLljTVi9KC3li</U:EstGEe7DMyz~50ClAODk6Add');
define('LOGGED_IN_KEY',   '`7:3v-H-/>,*=M9UD(u/9C+IMQ@Z[N}w,/cl@F2X)blc}1LlyH$*jn+Y23>IOHLx');
define('NONCE_KEY',       '?yGHdTu&p::Z.sSd%l3x5X~efD;b3l.%7+V3iXmJ-i0g%aadiuCRE,sDpNB3!a+K');
define('AUTH_SALT',       '(5~/_Y%Df;v~B!wu$HgtR) Xt=f0f4+y`R-IAltweT,k@*4CL~B?+yQL z(/!FwG');
define('SECURE_AUTH_SALT', '~vegL+-R?Oi)ln)>({T#n3_<E(]yld$$a,Pi*0Qr&]qC1Xwl]_#`7*$;v*&-hAH-');
define('LOGGED_IN_SALT',  'S}UrJpt0- g6&sKsa@N5&K}BQh0}x+YphX?W=&1PltRonK>XA%DV:ST C5keENG<');
define('NONCE_SALT',      'Qh.zNq<VH-u$lMq-rky`5MQGl:l4r:1yQNXd:5[~AW:F4&awYb?:3hb7:Ge!IWP(');
```

WordPress.orgの秘密鍵サービス　https://api.wordpress.org/secret-key/1.1/salt/

WordPressは最新版を使う

WordPressは常にバージョンアップが行われています。セキュリティに関するアップデートも多く行われてるので、古いバージョンを使い続けることは避けましょう。

WordPress3.7から自動バックグラウンド更新機能が追加され、デフォルトの設定では、本体のマイナーアップデート（WordPressでは4.3から4.4のようなバージョン番号の更新をメジャーアップグレードと呼び、4.3.1から4.3.2のような更新をマイナーアップデートと呼びます）と翻訳ファイルのアップデートが有効化されています。

メジャーアップグレードや、プラグイン、テーマの自動バックグラウンド更新機能は無効になっているので、手動で行うか、wp-config.phpで設定を変える必要があります。バージョンアップを続けることはサイトを守る上でとても大切な作業です。テスト環境などを利用して、上手に運用していきましょう（参照：http://wpdocs.osdn.jp/自動バックグラウンド更新の設定）。

テーマやプラグインの選び方に気を付ける

テーマやプラグインは公式ディレクトリで配布されているものを選びます。プラグインは更新日時も重要です。2年以上更新されていないプラグインにはアラートが表示されるので、そのようなものは避けるようにします。インストール数なども参考にするとよいでしょう。テーマの選び方についてはChapter 02の03のコラムも参考にしてください。

コメントのスパム対策のプラグインAkismetを使用する

WordPressには、コメントのスパム対策にとても有効なプラグイン「Akismet」がデフォルトで同梱されています。ただし、「Akismet」は有効化しただけでは使用できません。Akismet APIキーが必要となります。以下の手順で、Akismet APIキーを取得し設定します。

01 | 02 安全なインストールとインストール後の設定手順

❶ Akismetを有効化するとプラグインページ上部に表示される「Akismetアカウントを有効化」というボタンをクリックし、Akismet設定ページ（［設定］＞［Akismet］）で「APIキーを取得する」をクリックします。

❷ WordPress.comのアカウントでログインします。アカウントを持っていなくても、その場で作成できます。

❸ プランを選択します。個人利用のブログであれば、「Basic」を選択します。

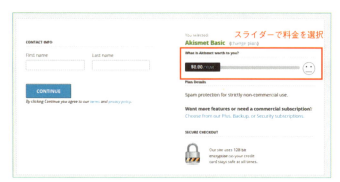

❹ 必要事項を記入しスライダーで料金を選択します。

❺ Akismet APIキーが表示されるので、メモ帳などに保存します。

❻ Akismetの管理画面の「手動でAPIキーを入力」にコピーしたAPIキーを入力し、「このキーを使用」をクリックすると設定が完了します。

024

01 | 02　安全なインストールとインストール後の設定手順

　Akismetはコメントスパム対策だけでなく問い合わせフォームのプラグインとの連携することなどでも活用することができます。

管理画面を守る

　管理画面をSSL対応にしたり、IPアドレスでアクセス制限を行うなどの方法で管理画面を守ります（詳しくはChapter 14の06で説明します）。

wp-config.phpの保護

　wp-config.phpはデータベースの設定などの書かれた重要なファイルです。wp-config.phpはデフォルトで設置されているディレクトリの1つ上の階層に設置することもできます。

　可能であれば、第三者が閲覧権限を持たないディレクトリにwp-config.phpを置くこともセキュリティ対策の1つです。

COLUMN

パーマリンクを設定する際の注意点

　WordPressのインストール後に行う設定の1つにパーマリンクの設定があります。パーマリンク設定の「基本」では、個別投稿ページのURLは「http://localhost/?p=123」のようにパラメータの付いたものとなります。

　以前は、パラメータの付いたURLはSEOに不利である、動的なサイトもSEOに不利なので静的なサイトと見せかけるために「.html」を付けたパーマリンクに変えた方がよい、という意見も多く聞かれましたが、現在ではURLによるSEOへの影響は、ほとんどないと言われています。

　それよりも、一度決めたURLを公開してから安易に変えてしまうことの方がSEO的には大きな問題です。せっかくインデックスされたり、外部からリンクされたりしたページにアクセスできなくなってしまうのはサイトにとっての損失となってしまいます。

　パーマリンクの書式は、以下の種類から選ぶことができます。パーマリンクを設定するには、サーバーで使用しているApacheがmod_rewriteをサポートしていること、.htaccessが存在し、書き込み権限があることが必要です。.htaccessがない場合には自動生成されますが、サーバーの設定によっては自動生成されないことがあります。その場合は、.htaccessファイルを自分で作成します。

基本	http://example.com/?p=123
日付と投稿名	http://example.com/2013/04/11/sample-post/
月と投稿名	http://example.com/2013/04/sample-post/
数字ベース	http://example.com/archives/123
投稿名	http://example.com/sample-post/
カスタム構造	任意の書式

CHAPTER 02 / SECTION 01　WordPressのテーマの基本を理解する

テーマのファイル構成を理解する

WordPressのテーマはどのようなファイルで構成されるのか、デフォルトテーマ「Twenty Sixteen」を例に説明します。

◉ WordPressのテーマとは

　WordPressのテーマというのは、例えれば「デザインの着せ替え」のようなものです。テーマを変えることによって、コンテンツの内容はそのままに、デザインだけを一瞬にして変えることができます。

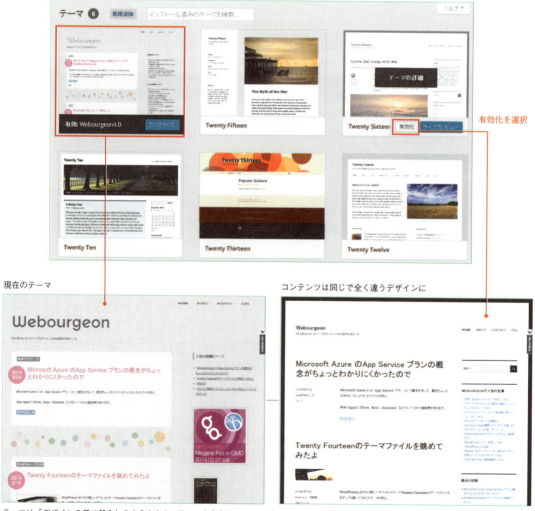

テーマは「デザインの着せ替え」のようなもの。テーマを変えるだけで、デザインを一瞬にして変えることができる。

02 | 01　テーマのファイル構成を理解する

> **MEMO**
> デフォルトテーマとは、WordPressをインストールしたときにあらかじめ同梱されているテーマのことです。WordPress 4.4には最新版のTwenty Sixteenの他にTwenty Fifteen、Twenty Fourteenの3つのテーマが付属しています。

● 個別のテーマのディレクトリの位置とファイル構成

WordPressのテーマを作成する上でどのようなファイル群が必要となるのか、デフォルトテーマ「Twenty Sixteen」を例にテーマの構造について詳しく見ていきましょう。

テーマのファイル群は、「wp-content/themes/」以下にテーマごとにディレクトリに分けて置かれています。

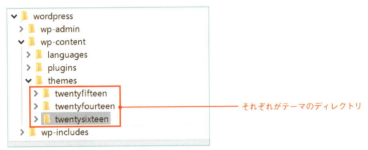

WordPressにおける個別のテーマのディレクトリの位置

テーマは、PHPやCSS、画像ファイルなどの様々な種類のファイルで構成されています。

- **PHP**ファイル
- **CSS**ファイル
- **JavaScript**ファイル
- **画像**ファイル
- **翻訳用のpot**ファイル
- **Webフォントを表示するためのファイル群**

下の図は、Twenty Sixteenを構成しているファイルの一覧です。

Twenty Sixteenを構成しているファイルの一覧

02 | 01 テーマのファイル構成を理解する

それぞれのファイルについて詳しく見ていきましょう。

● ページを表示するためのテンプレートファイル

ページを表示するための最も基本的なテンプレートファイルです。これらのテンプレートファイルは、Chapter 02の02で説明する「テンプレート階層」というルールに従って、各ページを表示する際に適用されます。

- index.php ············· メインテンプレート。テーマの必須ファイルで、すべてのページ用のテンプレート
- page.php ············· 固定ページ
- single.php ··········· 個別投稿ページ
- archive.php ·········· アーカイブページ
- image.php ············ 画像表示（画像挿入時に「添付ファイルのページ」を選択した画像）
- search.php ··········· 検索結果
- 404.php ·············· 404ページ

● 共通部分を表示するためのテンプレートファイル （モジュールテンプレートファイル）

通常、Webサイトにはヘッダーやフッターなど、各ページに共通して表示される部分があります。コンテンツ部分なども表示される内容は違っても基本的な構成が同じであればパーツとして独立させることができます。

そのような部分はモジュールテンプレートとして、「ページを表示するためのテンプレートファイル」に読み込まれて表示されます。

サイト内で共通のパーツを表示するモジュールテンプレートファイル

ヘッダーやフッターなどのサイト内で共通のパーツを表示するテンプレートファイルです。

- header.php ······························· 共通ヘッダーを表示
- footer.php ································ 共通フッターを表示。カスタムメニューの「フッターメインメニュー」と「フッターソーシャルリンクメニュー」を表示（設定されているときのみ）
- sidebar.php ······························ 右サイドバー。ウィジェットのサイドバー1を表示
- sidebar-content-bottom.php ········ 固定ページと個別投稿ページのコンテンツの下に、ウィジェットのサイドバー2とサイドバー3を表示
- comments.php ···························· コメントリスト、コメント投稿フォームを表示。
- searchform.php ·························· 検索窓を表示

02 | 01　テーマのファイル構成を理解する

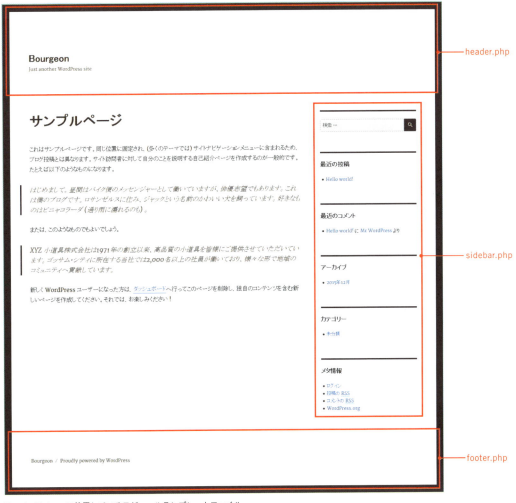

Twenty Sixteenで使用しているモジュールテンプレートファイル

コンテンツを表示するモジュールテンプレートファイル

コンテンツ部分を表示するモジュールテンプレートファイルです。

- **template-parts/content.php** ……………… コンテンツ表示のデフォルトテンプレート。index.php、archive.phpで使われる
- **template-parts/content-page.php** ………… 固定ページのコンテンツを表示
- **template-parts/content-none.php** ………… 投稿がない場合
- **template-parts/content-single.php** ……… 個別投稿ページのコンテンツを表示
- **template-parts/content-search.php** ……… 検索結果のコンテンツを表示
- **template-parts/biography.php** …………… 投稿の作成者のプロフィールを表示。content-single.phpで使われる

02 | 01 テーマのファイル構成を理解する

◉ テーマに独自の機能を追加するためのPHPファイル

テーマに独自の機能を追加するためのphpファイルです。Twenty Sixteenにはfunctions.phpの他にincディレクトリにいくつかの機能追加ファイルが格納されています。

- functions.php ·················· 基本の機能追加用ファイル
- inc/back-compat.php ······· 以前のWordPressのバージョンへの対応を記述
- inc/customizer.php ·········· テーマカスタマイザーを定義
- inc/template-tags.php ······ Twenty Sixteen独自のテンプレートタグを定義

> **MEMO**
>
> WordPressには、機能を追加するためのプラグインがたくさんあります。functions.phpなどによって追加される機能も、プラグインによって追加される機能も基本的には同じです。大きな違いは、functions.phpなどによって追加される機能はそのテーマ内でのみ有効ですが、プラグインで追加される機能はプラグインが有効化されている限り、テーマを変えても適用され続けるということです。

◉ CSSファイル

style.cssには、テーマの基本情報とデザイン（スタイル）を記述します。WordPressは、このstyle.cssに記述されているテーマの基本情報を読み取ってテーマを認識します。Twenty Sixteenには、その他以下のCSSファイルが含まれています。

- style.css ······················· デフォルトのスタイルシート。テーマの必須ファイルです。
- rtl.css ··························· 右から左へ書く言語用のスタイルシート
- css/editor-style.css ········· 投稿エディタにスタイルを適用
- css/ie.css ······················ Internet Explorer用のCSSを記述
- css/ie8.css ····················· Internet Explorer 8用のCSSを記述
- css/ie7.css ····················· Internet Explorer 7用のCSSを記述

◉ スクリーンショット（screenshot.png）

screenshot.pngは、管理画面の[外観]＞[テーマ]の管理において、テーマのスクリーンショットとして表示されます。管理画面での表示が387×290ピクセル、推奨サイズは880×660ピクセルとなっています。

◉ その他のファイル

Twenty Sixteenには、その他にもアイコンフォントや翻訳ファイルなどが含まれています。

- genericons ········ テーマで使用されているアイコンフォント
- languages ········· 翻訳ファイル
- js ····················· JavaScriptファイル

＊これらはディレクトリです。

CHAPTER 02 | SECTION 02

WordPressのテーマの基本を理解する

テンプレート階層を理解する

Chapter 02の01で説明した「ページを表示するためのテンプレートファイル」は、「テンプレート階層」というルールに従って、各ページを表示する際に適用されます。テーマの適切なファイル構成を考えるには、テンプレート階層の知識が必須です。

● テンプレート階層：テンプレートファイルの適用ルール

個別投稿／固定ページ／アーカイブなどのページを表示する際に、どのテンプレートファイルが適用されるかについては一定のルールが決められています。このルールのことを「テンプレート階層」と呼びます。WordPressは、このテンプレート階層で決められた優先順位に従って、テンプレートファイルを適用します。特に使用するテンプレートを指定しなくても、適切な表示ができるのは、このルールがあるからなのです。

カテゴリーページの表示を例に、テンプレート階層の仕組みをもう少し詳しく見ていきましょう。カテゴリースラッグが「books」、カテゴリーIDが「3」のカテゴリーページを表示する場合、WordPressは下図のように、category-books.php→category-3.php→category.php→archive.php→index.phpという順番でテンプレートファイルが存在するかどうか調べていきます。

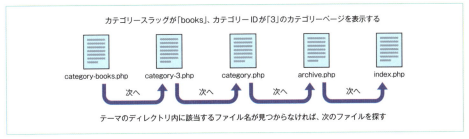

テンプレート階層によるテンプレート適用の仕組み

つまり、特定のカテゴリーにのみ違うテンプレートを適用したい場合には、category-{slug}.phpやcategory-{ID}.phpを作るだけでよいのです。

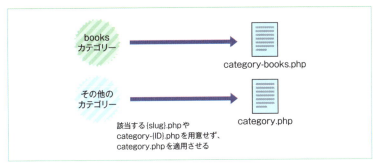

特定のカテゴリーのみ別のテンプレートを適用したい場合は、
特定のカテゴリー用にスラッグやIDを指定したテンプレートファイルを用意すればよい。

031

02 | 02　テンプレート階層を理解する

　下図は、テンプレート階層の代表的なものです。詳細は、WordPress CodexのテンプレートS階層のページ（http://wpdocs.osdn.jp/テンプレート階層）を参照してください。

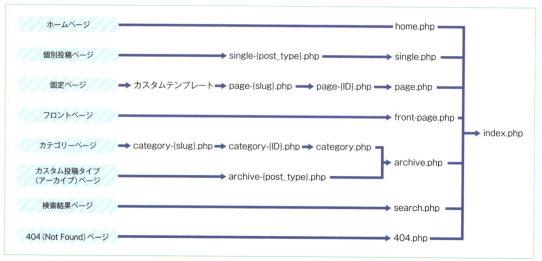

代表的なテンプレート階層

　テンプレート階層で押さえてほしいポイントは以下の3つです。

- 各ページで優先されるテンプレートファイルの種類が異なること
- 必ずしも、優先度の高いファイルを用意する必要はないこと
- **index.php**が、全てのページで利用できること

○ テンプレート階層を利用した効率的なテーマ開発

　例えば、index.phpのみでテーマを作ることも可能ですが、ページの種別ごとにレイアウトや表示内容を異なるものとしたい場合には、1つのファイル内で複雑な条件分岐を書かなければなりません。そのようなテーマは、コードの視認性や、メンテナンス性に欠けてしまいます。テンプレート階層を利用すれば、複雑でわかりにくい処理をシンプルにすることができます。

　ただし、全てのページやカテゴリーのためにテンプレートファイルを用意する必要もありません。

　個別のテンプレートファイルを用意するべきか、共通のテンプレートファイルで表示できるかを判断してテーマを設計することが、効率的なテーマ作成の第一歩です。

02 | 02　テンプレート階層を理解する

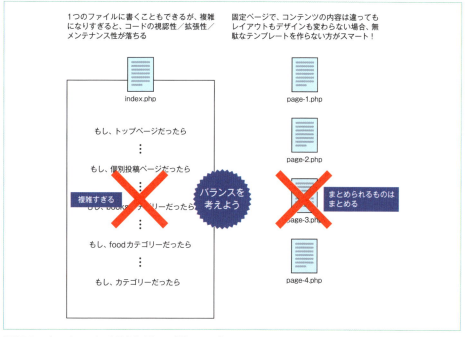

個別のテンプレートファイルを用意すべきか、共通のテンプレートファイルにまとめるか、
バランスを考えてテーマを設計することが大切

COLUMN

スラッグとIDを設定・確認する方法

「スラッグ」というのは、個別投稿ページや固定ページの識別名を表す言葉で、主にURLの一部として使われます。管理画面では下図のように、投稿記事では「スラッグ」欄やパーマリンク、カテゴリーやタグでは「スラッグ」欄より、スラッグを設定・確認することができます。

投稿記事では、表示オプションから「スラッグ」欄を表示させることができる。

❶表示オプションで「スラッグ」をチェック

02 | 02　テンプレート階層を理解する

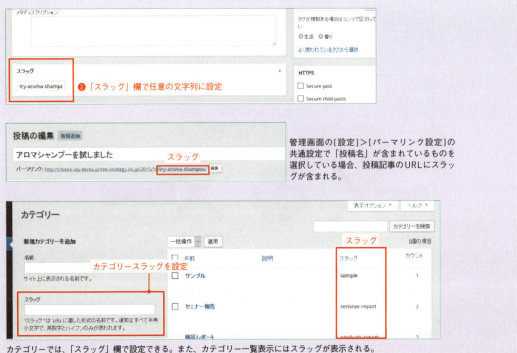

管理画面の[設定]>[パーマリンク設定]の共通設定で「投稿名」が含まれているものを選択している場合、投稿記事のURLにスラッグが含まれる。

カテゴリーでは、「スラッグ」欄で設定できる。また、カテゴリー一覧表示にはスラッグが表示される。

　カテゴリーやタグ・ページのIDは、通常の管理画面では確認できませんが、編集画面のURLで確認できます。また、一覧表示でタイトルにマウスオーバーすると、ブラウザのステータスバーに表示されます。

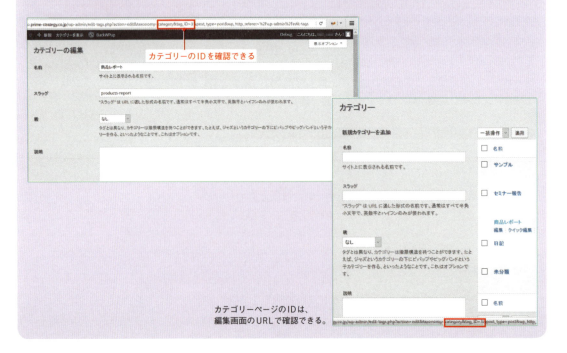

カテゴリーページのIDは、編集画面のURLで確認できる。

CHAPTER	SECTION	WordPressのテーマの基本を理解する
02	03	**オリジナルテーマを作成する方法を理解する**

オリジナルテーマを作成する方法は、大きく分けて2種類あります。それぞれのメリット・デメリットを理解しましょう。また、どちらの方法においても必要となる、テーマ作成の基礎知識も紹介します。

● オリジナルテーマを作る2種類の方法

オリジナルテーマを作成する方法は、大きく分けて「既存テーマをベースにカスタマイズする方法」と「ゼロから作成する方法」の2種類あります。それぞれのメリット・デメリットは以下の通りです。

▼オリジナルテーマ作成方法と、そのメリット・デメリット

種類	メリット	デメリット
既存テーマを ベースにカスタ マイズする方法	既に完成しているテーマをベースにするので、テンプレートファイルをゼロから組み上げる必要がない。そのため、少ない工数、短い時間で完成度の高いテーマを作成できる。	ベースにするテーマは何でもよいというわけではなく、サイトの目的にあったテーマ選びが重要となる。高機能であるがゆえにカスタマイズが難しい、というテーマも存在する。どのテーマを利用するか、その調査・学習に時間がかかる。
ゼロから 作成する方法	デザイン、機能などを細かいところまで自由にコントロールできる。カスタマイズが多くなる場合に適している。	ゼロからコードを書くため、制作に時間がかかる。また、WordPressの知識の他に、HTML／CSS／PHPの総合的な知識が必要となる。

制作現場では、クライアントの様々なニーズに、限られた時間で応えなければなりません。そのためには、「ゼロから作成する方法」を身につける必要があります。本書では「ゼロから作成する方法」について解説していきます。

●「テーマをゼロから作成する方法」のサイト制作の流れ

テーマをゼロから作成する方法では、一般的に下図のように「サイトの設計・デザイン→HTML+CSSでのコーディング→WordPressのテーマ化」という流れで制作します。

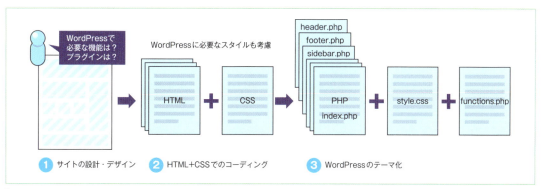

「テーマをゼロから作成する方法」における、一般的な制作の流れ

02 | 03　オリジナルテーマを作成する方法を理解する

1　サイトの設計・デザイン

　最初に行うのが、サイトの設計・デザインです。通常のWebサイトを作成するときとほぼ同じですが、この段階で必要な機能をどのように組み込んでいくかということをしっかりと決めておくことが大切です。必要となりそうなプラグインの選定や簡単なテストもしておくとよいでしょう。

2　HTML+CSS でのコーディング

　次にHTML+CSSでコーディングします。
　HTMLとCSSの文字コードは、WordPressが標準で利用するUTF-8(BOMなし)とするのが適切です。
　WordPressのテンプレートタグが自動的に出力するidやclass、エディタから入力したときに必要になるidおよびclassについても、この段階できちんと定義しておくと後工程での手直しを防ぐことができます。
　この時点で、各ブラウザで表示に崩れがないか、HTMLの記述にミスがないかをしっかりと確認しておきます。そうすれば、「WordPressのテーマ化」の段階で表示崩れなどの問題が起きた場合、HTML+CSSでのコーディングが原因である可能性を取り除くことができます。

3　WordPress のテーマ化

　HTML+CSSをもとに、共通する部分を切り分けたり、WordPressのテンプレートタグに置き換えたりしてテンプレートファイルを作成していきます。必要があればfunctions.phpやプラグインで機能を追加していきます。

●テーマ作成の基本作業

　テーマを作成する上で必要となる、基本的な作業についてみてみましょう。この作業は、「既存テーマをベースにカスタマイズする方法」「ゼロから作成する方法」、どちらの方法においても必要となります。

1　wp-content/themes にテーマのディレクトリを作成する

　wp-content/themesディレクトリに、テンプレートファイルなどのテーマファイルを格納するテーマのディレクトリを作成します。ディレクトリ名は任意のもので構いませんが、テーマの名前に準じたものにします。

2　テーマのディレクトリに style.css を作成し、テーマの情報を記述する

　テーマのディレクトリにstyle.cssを作成し、コメントの形式でテーマの情報を記述します。

02 | 03 オリジナルテーマを作成する方法を理解する

このファイルは、通常のCSSファイルとして使われる他に、WordPressがテーマとして認識し、管理画面でテーマの情報を表示するためにも使われます。必ず「style.css」と名前を付け、テーマのディレクトリ直下に置く必要があります。

▼ style.cssに記述するテーマの情報

```
/*
Theme Name: テーマの名前（必須）
Theme URI: テーマのサイトの URI
Description: テーマの説明
Author: 作者の名前
Author URI: 作者のサイトのURI
Version: テーマのバージョン
Tags: テーマの特徴を表すタグ（カンマ区切りで　オプション）
License: テーマのライセンス
License URI: テーマのライセンスのURI

*/
```

Theme Name（テーマの名前）は必須です。他のテーマと重複しない名前にします。Tags（テーマの特徴を表すタグ）はオプションですが、テーマ検索のキーワードとして使われます。作成したテーマを公式テーマとして登録する場合は、記述しておくとよいでしょう。

> **MEMO**
>
> WordPressはGPLというライセンスを採用しており、テーマのPHPファイルにもGPLが適用されます。このため、コードは自由に改変することができます。ただし、テーマ作成者の著作権は保持されます。既存のテーマをカスタマイズする場合には著作権情報は消さず、追記するようにしましょう。
>
> - テーマもGPLライセンス（WordPress日本語ブログ）
>   https://ja.wordpress.org/2009/07/03/themes-are-gpl-too/
> - WordPress を使うなら知っておきたいGPLライセンスの知識【基本編】
>   http://wp-d.org/2012/11/07/1046/

3 テンプレートファイルなどを作成する

index.phpは必須ファイルです。テンプレート階層（Chapter 02の02）を見てわかる通り、WordPressが最終的に探すテンプレートファイルはindex.php です。WordPressはindex.phpとstyle.cssがないテーマは正しいテーマとして認識しません。

screenshot.png（管理画面に表示するサムネイル画像）は、テーマのデザインがわかるような画像にしましょう。管理画面では387×290ピクセルで表示されますが、Retinaなどの高解像度のモニターに配慮して880×660ピクセルで作ることが推奨されています。

その他のテンプレートファイルは、サイトの目的に応じて作成します（詳細は、Chapter 03の04以降で説明していきます）。

02 | 03　オリジナルテーマを作成する方法を理解する

◉ 親テーマと子テーマ

　テーマを作成する上で、押さえておきたい機能が「子テーマ」です。「既存テーマをベースにカスタマイズする方法」と「ゼロから作成する方法」、どちらの方法でも利用できますが、特に既存テーマをベースにカスタマイズする場合に役立ちます。

子テーマとは

　子テーマとは、あるテーマをベースとなる親テーマとして指定し、そのデザインや機能を引き継ぐことができる仕組みのことです。親テーマの構造や機能を継承しつつ、子テーマ独自にデザインを変更したり、機能を追加していくことができます。

テーマはアップデートで上書きされる

　既存テーマをベースにカスタマイズする場合に気を付けなくてはいけないのが、「テーマはアップデートで上書きされる」ということです。既存テーマのファイルを直接カスタマイズしていると、既存テーマのアップデートの際に変更点が全て上書きされてしまいます。

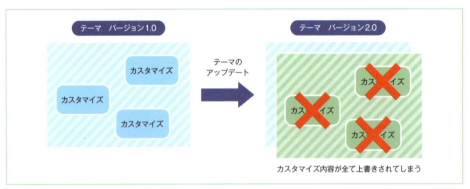

テーマのアップデートがあると、テーマのファイルが新しい内容に上書きされる。

　テーマのアップデートでは、セキュリティ面の改善や、WordPressの新機能への対応などが行われます。上書きを回避するために、テーマのアップデートを適用しないということは望ましくありません。

　親テーマをアップデートしても、子テーマで変更した部分はその影響を受けることはありません。上書きを避けつつテーマのアップデートを適用できることからも、既存テーマをベースにカスタマイズする場合は、子テーマを使うことが推奨されています。

02 | 03　オリジナルテーマを作成する方法を理解する

親テーマの内容は上書きされる

親テーマ → アップデート → 親テーマ

デザイン　機能　　アップデート　　デザイン　機能

子テーマ → 子テーマ

カスタマイズ　カスタマイズ　カスタマイズ　　カスタマイズ　カスタマイズ　カスタマイズ

子テーマで変更した部分は影響を受けない

親テーマをアップデートしても、子テーマで変更した部分は影響を受けない。

▼子テーマを使うことのメリット・デメリット

メリット	親テーマの必要な部分はそのままに、必要な部分だけカスタマイズすることができる。オリジナルの親テーマが存在するので、カスタマイズした場所が明確になる。また、簡単にもとに戻すことができる。
デメリット	親テーマへの依存が大きくなり、親テーマを学習する時間もかかる。また、親テーマのアップデートの内容によっては、子テーマの再カスタマイズが必要になることもある。

子テーマの作り方

　子テーマを作成するには、通常のテーマ作成と同様、wp-content/themesディレクトリに、子テーマのファイルを格納するテーマのディレクトリを作成し、style.cssを作成します。style.cssに記述するテーマの情報の中に、親テーマの情報を追加する必要があります。「Template:」項目に親テーマのディレクトリ名を指定します。例えば、親テーマのディレクトリ名がbourgeon、子テーマ名をbourgeon-childにしたい場合は、次のコード例のように記述します。

▼子テーマのstyle.css

```
/*
Theme Name: bourgeon-child  //子テーマの名前（必須）

（略）

Template: bourgeon  //親テーマのディレクトリ名（大文字小文字を区別します）

*/
```

02 | 03　オリジナルテーマを作成する方法を理解する

　　WordPressは、子テーマに適合するテンプレートファイルがない場合、親テーマのテンプレートファイルを適用するルールとなっています。このため、子テーマには必ずしもindex.phpを作る必要はありません。

　　子テーマはほとんどの場合、親テーマのCSSは参照しません。CSSに変更を加えたい場合には、次のコード例のように子テーマに親テーマのCSSを読み込み、その後にスタイルを上書きします。

▼ 子テーマのstyle.css

```css
@import url('../bourgeon/style.css');  //親テーマのstyle.cssを読み込む

/* 変更したいスタイルのみを上書きします */
#site-title a {
  color: #fff;
}
```

　　テンプレートファイルの内容を変更する場合は、変更を加えたいファイルを子テーマのディレクトリにコピーして編集します。ただし、functions.phpの場合は注意が必要です。functions.phpだけは、子テーマ→親テーマの順番で両方のファイルが読み込まれます。そして、以下のような注意点があります。

▼ 子テーマのfunctions.phpに記述する際の注意点

親テーマにない関数	親テーマにない関数は、子テーマで定義できる。
子テーマで再定義できる関数	親テーマでfunction_exists()関数で定義済みかどうか調べているもの。「子テーマで定義していなければ、親テーマのものを使う」ということになるので、同じ関数名で定義できる。
上記以外のもの	上記以外のものは、同じ関数名のまま子テーマで変更を加えようとするとエラーになる。ただし、子テーマにコピーして関数名を変えて記述することができる。

> **MEMO**
>
> デフォルトテーマなどの最近のテーマでは、推奨される方法として、functions.phpにwp_enqueue_style()関数でスタイルシートの読み込みが定義されていることが多くなっています。
> そのようなテーマで@importによるCSSの上書きをしようとした場合に、スタイルシートの読み込みの順番により、上書きができないことがあるので注意が必要です。
> スタイルシートの読み込みはfunctions.phpで行うようにしましょう。

▼ スタイルシートの読み込みをfunctions.phpで行う

```php
//=================================================================
// 2. Enqueues scripts and styles.
//=================================================================

function bourgeon_scripts() {
  wp_enqueue_style( 'bourgeon-style', get_stylesheet_uri() );
  wp_enqueue_script( 'bourgeon-html5', get_template_directory_uri() . '/js/html5shiv.js',
array() );
}
add_action( 'wp_enqueue_scripts', 'bourgeon_scripts' );
```

02 | 03 オリジナルテーマを作成する方法を理解する

様々な制作方法で役立つ子テーマ

子テーマは、「既存テーマをベースにカスタマイズする方法」の場合だけでなく、「ゼロから作成する方法」でも役立ちます。子テーマを使ったサイト制作のヒントを挙げておきましょう。

- 基本的な部分を記述した親テーマを作っておき、サイト特有の部分は子テーマで作成し、制作の効率化を図る。デバイス切り替えによるテーマ作成で、テーマの親子関係を利用する（PC用の親テーマとスマートフォン用の子テーマなど）。
- マルチサイトなどで複数のブログを作成する際に親テーマを共通テンプレートとし、子テーマで各ブログのカスタマイズを行う。

COLUMN

既存テーマは公式テーマから選ぶ

WordPressの魅力の1つとして、世界中で数多くのテーマが公開されており、それらを利用できることが挙げられます。しかし、中にはメンテナンスが不十分で、WordPressの現行バージョンに対応していないテーマ、悪意のあるコードが含まれるテーマ、有料であってもサポートがないテーマなども存在します。

そのため、既存テーマをベースにカスタマイズする際は、利用するテーマの選択が重要となります。WordPress公式テーマは、審査を通ったテーマだけが登録されています。テーマを選ぶ際は、公式テーマから選ぶか、連絡が取れて信頼のおけるサイトから入手しましょう。公式テーマは、管理画面の[外観]＞[テーマ]の新規追加から追加するか、WordPress公式サイトの「Theme Directory」（https://wordpress.org/themes/）から入手することができます。

また、開発のベースになることを想定して作成された「スターターテーマ」と呼ばれるテーマがあります。スターターテーマの中でも代表的なのが「_s（Underscores）」（http://underscores.me）です。「_s」は、WordPress.comを運営するAutomattic社のテーマチームがメインとなって開発したテーマです。

スターターテーマをベースにしたテーマ開発においても、はじめのうちはスターターテーマの学習に時間がかかりますが、その後は効率よく開発を進めていくことができます。

- スターターテーマ _s を使ってWordPressのテーマをつくる（GateSpace）
  http://gatespace.jp/2012/12/19/underscores00/

CHAPTER **03** | SECTION **01**

WordPress サイト設計図を作る

更新されるページと更新されないページを整理する

サイト設計の段階では、サイトマップやワイヤーフレームなど、WordPress でどのようにサイトを作っていくかという「WordPress サイト設計図」を作ります。その際、テーマの設計も考えます。その手始めに行うのが、「更新されるページ」と「更新されないページ」を整理し、どの投稿タイプで作成するかを決めることです。

「テーマをゼロから作成する方法」の最初の作業「サイトの設計・デザイン」では、通常の Web サイト制作と同様に、以下のような資料を作成し、どのようにサイトを作っていくかを設計します。

- **サイトマップ**
- **ワイヤーフレーム**
- **各種仕様書**

さらに WordPress サイトの場合、これらの資料から、どのようなテンプレートファイルが必要となるのか、どのような機能が必要となるのか、といった「テーマや機能の設計」が必要になります。これら全ての資料のことを、本書では「WordPress サイト設計図」と呼ぶことにします。

サイトマップやワイヤーフレームは既に作成したものとして、テーマの設計方法について説明していきます。まず、最初に行うのが「更新されるページ」と「更新されないページ」を整理し、どの投稿タイプで作成するかを決めることです。

更新されるページと更新されないページを整理する

WordPress サイトのテーマを設計する上で、まず考えるのがコンテンツの更新頻度とその特徴です。大きく2種類に分けることができます。

▼コンテンツの更新頻度と特徴

更新されるページ	お知らせやブログのようなコンテンツは、比較的頻繁に更新され、時系列に沿ってコンテンツが積み重なっていく。「そのページはいつ公開されたか」という「時間」が重視される。
更新されないページ	会社情報のようなコンテンツは、一度作ったらあまり頻繁に更新することはない。また、多くの場合、時系列ではなく、階層構造によって分類される。

03 | 01 更新されるページと更新されないページを整理する

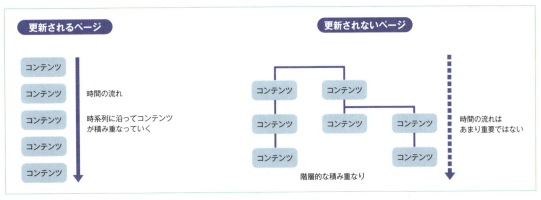

更新されるページと更新されないページの特徴

　こうしたコンテンツの更新頻度と特徴から、各コンテンツをWordPressのどの投稿タイプで作成するのかを考えます。

選択肢となる投稿タイプは「固定ページ」「投稿」「カスタム投稿タイプ」

　WordPressでは、色々なタイプのコンテンツを保存したり、表示したりすることができます。その分類を「投稿タイプ」と呼びます。投稿タイプには、以下の6種類があります。

- 固定ページ（page）……………………………… 管理画面の固定ページで管理
- 投稿（post）……………………………………… 管理画面の投稿で管理
- 添付ファイル（attachment）………………… 管理画面のメディアで管理
- リビジョン（revision）………………………… 変更履歴
- ナビゲーションメニュー（navigation menu）…… 管理画面の［外観］＞［メニュー］で管理
- カスタム投稿タイプ（Custom Post Types）……… 独自に定義して追加する

　「固定ページ」や「投稿」だけではなく「添付ファイル」、「リビジョン」、「ナビゲーションメニュー」も投稿タイプの1種類です。「カスタム投稿タイプ」は、独自に定義して追加できる投稿タイプです。

　更新されるページと更新されないページをどの投稿タイプで作成するかを考えるときに主な選択肢となるのは「固定ページ」「投稿」「カスタム投稿タイプ」です。まず、各投稿タイプの特徴を知り、どのようなコンテンツを作成するのに適しているかを考えてみましょう。

03 | 01 更新されるページと更新されないページを整理する

◉ 固定ページの特徴

固定ページには次のような特徴があります。

- 階層構造を持つことができる
- 日付によるアーカイブがない（時系列に沿った表示に適していない）
- ページ属性により、ページごとにカスタムテンプレートを選択したり、順序を付けることができる
- パーマリンクを設定すると、URLは「http://example.com/スラッグ/」になる（例 「about」というスラッグを持つ固定ページだとhttp://example.com/about/）

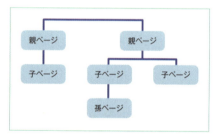

固定ページは階層構造を持つことができる。

このような特徴から、会社情報などの更新頻度が少なく、時系列に沿った表示をする必要のないコンテンツや、階層構造を持たせたいコンテンツは、固定ページで作成するのに適しているといえます（固定ページを利用したページ制作についてはChapter 04で説明します）。

◉ 投稿の特徴

投稿には次のような特徴があります。

- 時系列に沿って表示される
- 期間別のアーカイブを持つ
- カテゴリーやタグによる分類ができる
- 階層構造を持たない
- ページ属性を持たない

> **MEMO**
> カテゴリーとタグの違い
> カテゴリーもタグも、記事を分類するものですが、カテゴリーは階層構造を持ち、タグは階層構造を持たない、という違いがあります。

03 | 01　更新されるページと更新されないページを整理する

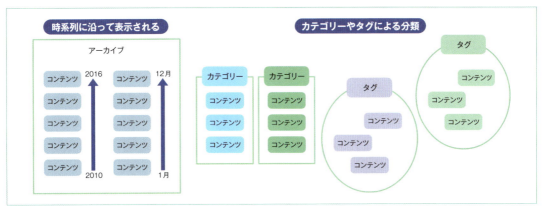

投稿の特徴

　このような特徴から、ブログの記事や、新着情報、お知らせなどの時系列に沿って更新されていくコンテンツは、投稿で作成するのに適しているといえます（投稿でのページ制作についてはChapter 05で説明します）。

◉ カスタム投稿タイプの特徴

　サイトの構成によっては、固定ページや投稿に分類しきれないコンテンツも出てくるでしょう。そのようなときに利用するのが独自に追加することができる「カスタム投稿タイプ」です。カスタム投稿タイプは、以下のような特徴を取捨選択することができます。

- **階層構造を持つことができる**
- **複数のカスタム分類で分類できる**
- **時系列に沿った表示をすることができる（アーカイブページを持つことができる）**
- **ページ属性で、順序を付けることができる**
- **非公開の投稿タイプも作成することができる**

　固定ページと投稿の特徴を合わせ持ち、それぞれが違う特徴と名前を持つ複数の投稿タイプを作る事ができる、ということがカスタム投稿タイプの大きな特徴です。また、カスタム投稿タイプごとに、管理画面で個別のメニューとして表示させることができます。
　投稿タイプ名は、固定ページは「page」、投稿は「post」となりますが、カスタム投稿タイプは20文字以内の任意の名前となります。例えば、本を紹介するカスタム投稿タイプは「books」と定義することができます。

045

03 | 01　更新されるページと更新されないページを整理する

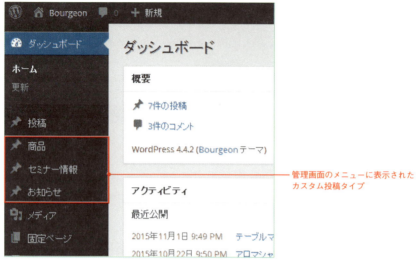

カスタム投稿タイプは、管理画面で個別のメニューとして表示させることができる。

　カスタム投稿タイプの具体的な作成方法については、Chapter 07で説明します。ここでは簡単に特徴を掴んでおいてください。

> **MEMO**
> カスタム分類（カスタムタクソノミー）とは、カテゴリーやタグのような分類を新たに作成できる機能です。もともとあるカテゴリーやタグも分類の1つです。カスタム分類は、特定の投稿タイプに紐付けて作成でき、カスタム投稿と合わせて使われることが主な用途です。また、カスタム投稿タイプ同様、複数作ることができます。カスタム分類の詳細については、Chapter 07で説明します。

● サンプルサイトを分類してみる

　各投稿タイプの特徴とコンテンツの関係をもとに、サンプルサイトのサイトマップを例として、WordPressでの設計（構成）を考えてみましょう。

03 | 01　更新されるページと更新されないページを整理する

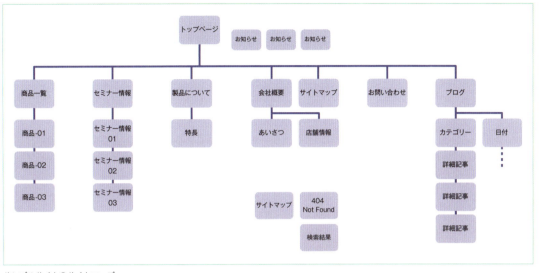

サンプルサイトのサイトマップ

　各コンテンツについて、更新頻度はどうか、時系列に並べる意味があるかどうか、階層構造を持つかを考えます。

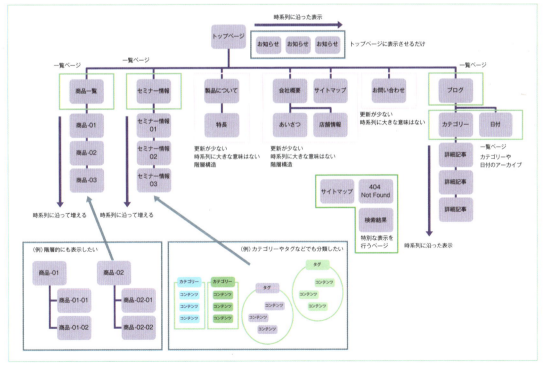

サイトマップの各コンテンツの特徴

03 | 01　更新されるページと更新されないページを整理する

　各コンテンツの特徴が見えてきたら、それぞれに適した投稿タイプを選択していきます。固定ページにする部分は比較的簡単に決めることができますが、問題となるのが、更新されるページを投稿にするか、カスタム投稿タイプにするかです。

　「お知らせ」「商品」「セミナー情報」「ブログ」を全て投稿で管理すると仮定しましょう。投稿で、「お知らせ」「商品」「セミナー情報」「ブログ」というカテゴリーを作れば分類することはできそうです。

　しかし、それぞれのカテゴリーを細かく分類しようとすると、さらにカテゴリーやタグを追加していくことになるでしょう。あまりにカテゴリーやタグが多くなると、管理画面での選択が煩雑になり、分類の選択ミスで、適切な場所に表示されない、などのミスを引き起こしやすくなる可能性も考えられます。

　例えば、トップページのお知らせは、お知らせカテゴリーを選択するのではなく、独立したカスタム投稿タイプ「お知らせ」を作ることで、「お知らせに記事を書けば、必ずトップページの決められた場所に表示させる」という仕組みを作ることができます。

　運用する人の便宜や、テーマの設計をなるべく単純なものにすることなどを考慮して、その情報に関連する一覧のページやトップページなどを更新する「お知らせ」「商品」「セミナー情報」はカスタム投稿タイプを使って作成することにします。

　また、投稿タイプ名は、「お知らせ」を「info」、「商品」を「product」、「セミナー情報」を「seminar」とすることにします。

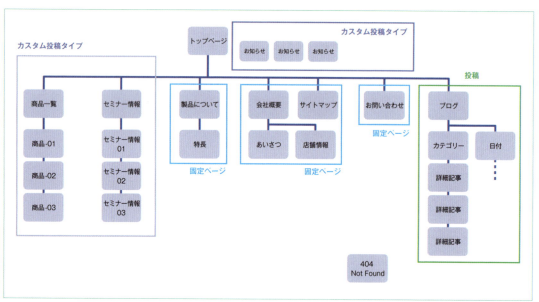

コンテンツの特徴と運営面を考えて投稿タイプを選択

　カスタム投稿タイプを使うべきかどうかについては、カスタム投稿タイプのメリット・デメリットなどを考慮して慎重に決める必要があります。カスタム投稿を利用するメリットとデメリットについてはChapter 07の1で説明します。

048

CHAPTER	SECTION	WordPress サイト設計図を作る
03	**02**	# 読み込むページ、 読み込まれるページの関係を掴む

Chapter 03の01で、更新頻度などをもとに各コンテンツで使用する投稿タイプを決めました。次に考えるのが、「読み込むページ」と「読み込まれるページ」の関係から、WordPressでのページ種別と個別投稿で必要となる情報を明らかにすることです。

●「読み込むページ」と「読み込まれるページ」の仕組み作りが重要

Webサイトでは、個別ページへユーザーを誘導するため、トップページなどに個別投稿ページの部分的な情報を掲載するといったことがよくあります。このようなケースにおいて、1つの情報が追加されたときに、その情報の個別投稿ページを作成し、その情報に関連する一覧のページやトップページなどを更新するなどしていてはとても効率が悪いですし、更新箇所が増えれば増えるほど、ミスも起きやすくなるでしょう。

WordPressでサイトを作るメリットの1つとして、個別投稿ページの情報を他のページに自由に読み込ませることができる点が挙げられます。個別投稿ページを更新すれば、他のページにも自動的に反映される、CMSとしての便利さはこの仕組み作りにかかっています。例えば、サンプルサイトでは、商品が追加されたら、商品一覧ページ、トップページなどが自動更新される仕組みを作ればよいと考えることができます。

そのような仕組みを実現するために、WordPressのどのページを使ったらよいか、考えていきましょう。

● 読み込むページの代表選手：トップページ

トップページは、サイトの概要を伝え、より深く読んでもらうために、次のページへの導線ともなるページです。そのために、個別投稿ページの情報を読み込んで表示させることが多くなるページであるともいえます。

サンプルサイトのトップページのワイヤーフレームを例に、どのような情報を読み込ませればよいのかを考えてみましょう。その際、合わせて、以下のような細かい要素も考えておかなければなりません。

- リストの場合、何件読み込むのか
- 読み込むのはタイトルか、内容か、抜粋か
- 画像も読み込むのか。その際画像サイズはどうするのか
- 日付、カテゴリーなどの付随する情報も読み込むのか
- トップページのみに表示させる内容が必要か

03 | 02 読み込むページ、読み込まれるページの関係を掴む

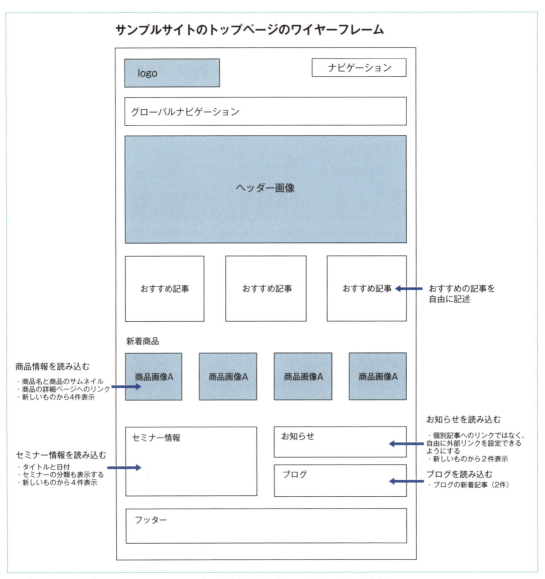

サンプルサイトのトップページのワイヤーフレーム。どのような情報を読み込み、表示させるのかを考える。

◉ 読み込むページ：一覧ページ

　サンプルサイトの商品一覧ページやセミナー情報一覧ページ、ブログのトップページ、カテゴリーやタグなどのアーカイブページなどは一覧ページです。一覧ページも、個別投稿ページの情報を読み込んで一覧表示する読み込むページと考えることができます。個別投稿ページのどのような情報をどのように表示するかを考えます。

03 | 02　読み込むページ、読み込まれるページの関係を掴む

- タイトルのみか、内容も表示するのか。
- 内容を表示する場合は、抜粋にするのか、一覧ページ専用の文章や画像が必要であるか。
- 何件表示させるのか。
- 掲載ボリュームが多くなった場合はページングするのか。

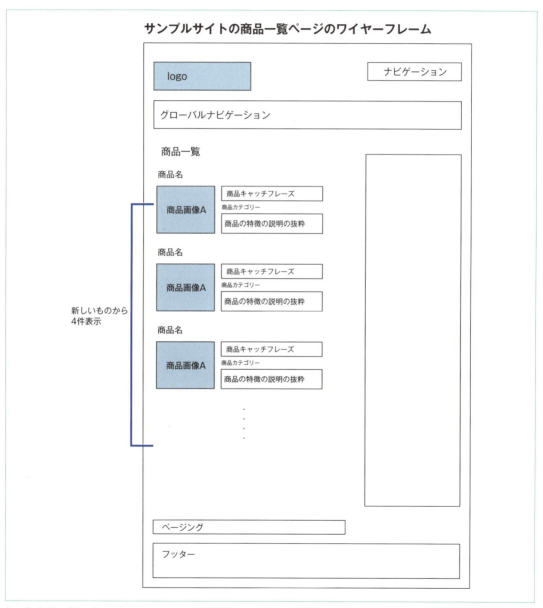

サンプルサイトの商品一覧ページのワイヤーフレーム。個別投稿ページのどのような情報をどのように表示するかを考える。

03 | 02　読み込むページ、読み込まれるページの関係を掴む

● 読み込まれるページ

個別投稿ページは読み込まれるページです。

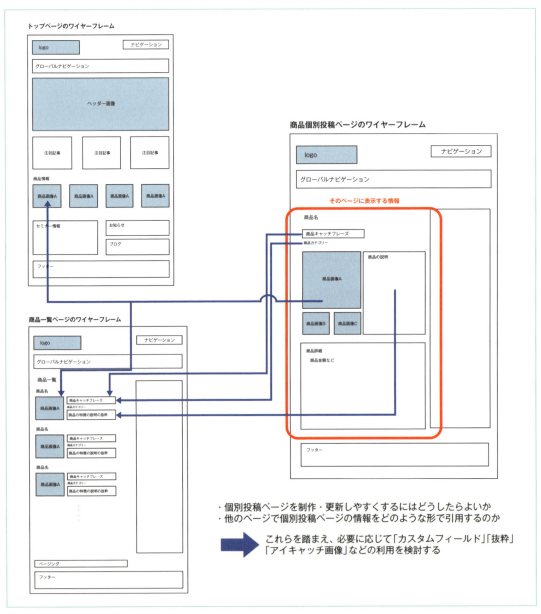

サンプルサイトの商品個別投稿ページのワイヤーフレーム

03 | 02　読み込むページ、読み込まれるページの関係を掴む

　読み込まれるページでは、「そのページに表示する情報」を制作・更新しやすいように考えるだけでなく、「他のページに読み込まれる情報」をどのように引用させるかを考えなければなりません。通常のタイトル・本文だけでは、引用できない場合があります。そのようなときには抜粋、アイキャッチ、カスタムフィールドなどを組み合わせてどのように実現させるかを考えていくことになります（これらについてはChapter 05の02、06の02、およびChapter 08で詳しく説明します）。

● 読み込み専用のページ

　非公開のカスタム投稿タイプを用いて個別投稿ページを持たない読み込み専用のページを作ることもできます。特に過去の情報の一覧を残しておく必要がない場合、更新の都合上、管理は個別投稿として別々に分けたいが、実際には1ページで表示させたい場合などがあります。

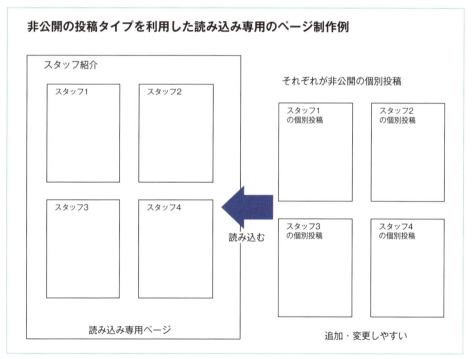

非公開の投稿タイプを利用した読み込み専用のページ制作例

03 | 02　読み込むページ、読み込まれるページの関係を掴む

◉ サンプルサイトで「読み込むページ」と「読み込まれるページ」を分ける

　サンプルサイトのサイトマップで、「読み込むページ」と「読み込まれるページ」の関係性を明らかにしてみましょう。

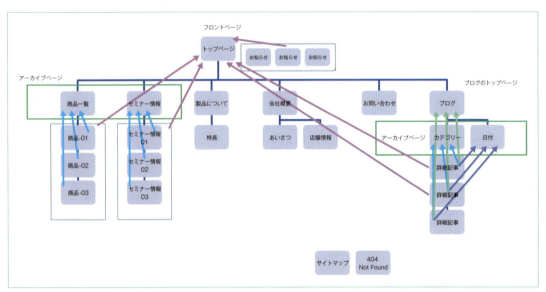

サンプルサイトでの「読み込むページ」と「読み込まれるページ」の関係性

　投稿タイプの決定、およびページ種別、個別投稿で必要な情報の設計が終わったら、次はテンプレート階層のルールに従って、どのようなテンプレートファイルを作成したらよいかを考えていきます。

CHAPTER 03 SECTION 03

WordPressサイト設計図を作る

テンプレート階層をもとに必要なテンプレートファイルを決定する

ここまでで、WordPressサイト設計図が固まって来ました。最後に、テンプレート階層をもとに必要なテンプレートファイルを決めていきます。

WordPressサイト設計図が固まってきたところで、テンプレート階層（Chapter 02の02）をもとに、必要なテンプレートファイルを決めていきます。ワイヤーフレームや、デザインなどを考慮して、同じテンプレートを使うことができるページ種別、個別にテンプレートを作成した方がよいページ種別などを見極めると、無駄のない構造のテーマを作ることができます。

● サイトのトップページ

サンプルサイトのトップページは、他のページと仕組みもレイアウトも異なるので、専用のテンプレートを作成します。トップページを表示するのに適したテンプレートファイルは、index.php、front-page.php、home.phpです。サンプルサイトでは、サイト全体のトップページとは別に、投稿の一覧を表示するブログのトップページも作るので、フロントページの設定を行い、サイト全体のトップページにはfront-page.php、ブログのトップページにはhome.phpを使うことにします。

フロントページの設定

管理画面の［設定］＞［表示設定］の「フロントページの表示」で、［フロントページ］［投稿ページ］に固定ページを指定することができます。この［フロントページ］はサイトのトップページに、［投稿ページ］は投稿の一覧ページとなります。

管理画面の［固定ページ］メニューから新規追加で、サイトのトップページにする「トップページ」という固定ページを作り、［フロントページ］でそのページを選択します。また、同様にブログのトップページにする「ブログ」という固定ページを作り、［投稿ページ］でそのページを選択します。

フロントページの設定をすることで、サイトのトップページにはfront-page.phpが、ブログのトップページにはhome.phpが、それぞれ自動的に適用されるようになります。

「ブログ」固定ページにパーマリンクを設定する場合は、「blog」など、ブログのトップページであることがわかりやすいスラッグを付けておくとよいでしょう。

［フロントページ］［投稿ページ］に、サイトやブログのトップページとして使用する固定ページを指定する

03 | 03 テンプレート階層をもとに必要なテンプレートファイルを決定する

「会社概要」や「お問い合わせ」などの固定ページ

固定ページのテンプレートには、page.phpを使います。「会社概要」や「お問い合わせ」など、各固定ページのコンテンツの内容は違いますが、基本的なデザインやレイアウトは同じなので、全ての固定ページでpage.phpを使うこととします。

もし、レイアウトが大きく異なる固定ページがある場合は、カスタムテンプレートを作って管理画面から選ぶことができるようにするか、固定ページのスラッグやIDを利用して、page-{slug}.php、またはpage-{ID}.phpといったテンプレートファイルを作るとよいでしょう（固定ページのテンプレート階層についてはChapter 04の03で詳しく説明します）。

「商品」や「セミナー情報」などのカスタム投稿タイプ

Chapter 03の01で、「商品」と「セミナー情報」は、コンテンツの分類や運営面などを考慮してカスタム投稿タイプで作ることにしました。また、「商品」と「セミナー情報」では、それぞれ表示するべき内容にも大きな違いがあることを考えて、別々のテンプレートを使うことにします。

カスタム投稿の一覧ページは、archive-{post_type}.phpで作ることができます。post_typeの値については、カスタム投稿タイプの設計時に、商品は「product」、セミナー情報は「seminar」としましたので、それぞれarchive-product.php、archive-seminar.phpとなります。

カスタム投稿の個別投稿ページについても、表示内容が大きく異なることを考え、single-product.php（商品の個別投稿ページ用）とsingle-seminar.php（セミナー情報の個別投稿ページ用）とします。

ブログ

ブログのトップページには、home.phpを使用します。

一般的なブログの一覧ページ（アーカイブ）としては、カテゴリー、タグ、日付、作成者の一覧ページが考えられます。サンプルサイトでは、archive.phpで一括管理します。表示内容やレイアウトなどを大きく変えたい場合には、テンプレート階層に沿って、category.phpやdate.phpなどのテンプレートを作成します。

ブログの個別投稿ページにはsingle.phpを使用します。

● その他のページ

必要に応じて、検索結果や404 Not Foundのテンプレートファイルも作成します。それぞれ、404.php、search.phpを用意するか、index.php内で条件分岐してもよいでしょう。

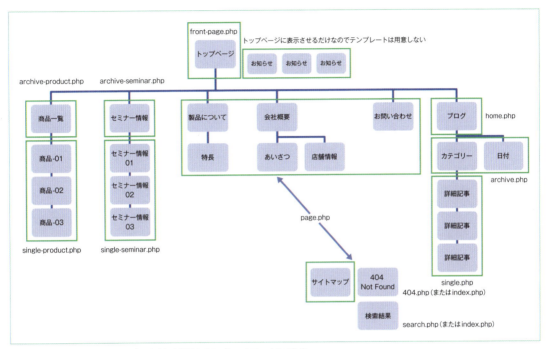

テンプレート階層をもとに、サンプルサイトの必要なテンプレートファイルを決定

このようにテンプレート階層をもとに、必要なテンプレートファイルを決定していきます。大きく表示内容やレイアウトが変わるものは、個別にテンプレートファイルを作成し、共通化できるところはできるだけ共通化して、無駄のないテーマ構成を作るように心がけます。

CHAPTER	SECTION	WordPressサイト設計図を作る
03	04	テーマ作成の初期作業

WordPressサイト設計図とデザインができたら、それらに沿って、HTML+CSSコーディング、WordPressのテーマ化の作業を進めます。ここでは、テーマ作成の初期作業で必要となる基礎知識を説明します。

● HTMLファイルとCSSファイルの準備

デザインに従って、WordPressのテンプレートタグやPHPの処理を含まない形でコーディングしたHTMLファイル、CSSファイルなどを作成します。この際、必ずしも全てのページのHTMLファイルを用意する必要はなく、作成するテンプレートファイルにあたる部分や代表的なファイルだけを作成します。サイトの構成やデザインなどを考慮して必要なHTMLファイルを決めましょう。

また、HTMLファイルのファイル名は実際のサイトの構成（予定しているパーマリンクなど）やテンプレートファイル名に合わせたものにしておくとよいでしょう。

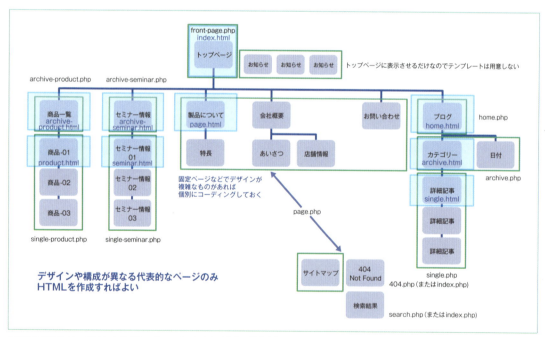

作成するHTMLファイルは、テンプレートファイルにあたる部分や代表的なファイルだけでよい。

この時点で、各ブラウザで表示に崩れがないか、HTMLの記述にミスがないかをしっかりと確認しておきましょう。もし、この段階でミスを残したまま、WordPressのテーマ化へ進んでしまい、表示崩れなど起きた場合、原因がHTMLやCSSによるものか、テーマ化の作業によるものか、といった調査が難しくなってしまいます。

03 | 04 テーマ作成の初期作業

● テーマのディレクトリを作成し、ファイルを用意する

Chapter 02の03で説明した通り、wp-content/themes/ディレクトリにテーマのディレクトリを作り、作成したHTMLファイルとCSSファイルを置きます。

まず、トップページを使ってテーマの動作を確認してみましょう。HTMLファイルのトップページ（index.html）とCSSファイル（style.css）をテーマのディレクトリに置きます。index.htmlの拡張子を「.php」にし、index.phpにファイル名を変更します。style.cssには、テーマを認識させるためのコメントを追加します。また、管理画面に表示されるスクリーンショット（screenshot.png）も用意します。

WordPressの管理画面から［外観］＞［テーマ］を表示させて、テーマの一覧に自分のオリジナルテーマが表示されていたら成功です。

テーマのディレクトリ内で、style.cssとindex.phpは必須のファイルです。これらのファイルが存在しなかったり、ファイル名に誤りがあると「壊れているテーマ」として表示されるので、そのようなときにはファイルの存在を確認してください。

オリジナルテーマを選択して確認する

管理画面でオリジナルテーマを選択してみましょう。すると、index.phpと名前を変更したHTMLファイルの内容は表示されますが、index.phpと同階層にあるstyle.cssの内容が適用されていない状態になります。

style.cssの内容が適用されていない状態で表示される。

03 | 04　テーマ作成の初期作業

　これは、コーディング時と、WordPressによる表示時では、表示されるHTMLファイルとCSSファイルとの位置関係が崩れてしまったためです。

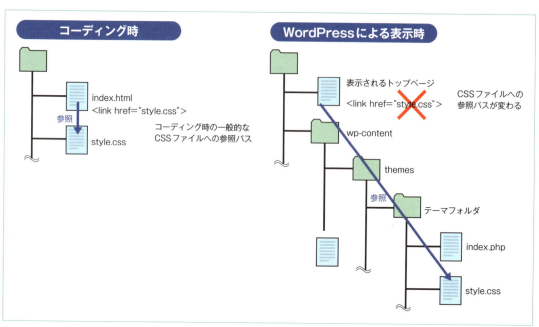

表示されるHTMLファイルとCSSファイルの位置関係の変化

　これを修正します。CSSファイルはテーマのディレクトリにあるので、位置は「wp-content/themes/テーマのディレクトリ/style.css」になります。これをWordPressのテンプレートタグに置き換えます。

▼index.php
```
<link rel="stylesheet" type="text/css" media="all" href="style.css">
                                     ↓
<link rel="stylesheet" href="<?php echo get_stylesheet_directory_uri(); ?>/style.css" >
```

　再び表示してみると、style.cssの記述が適用された状態で表示されています。
　このように、「HTMLファイルの中で、WordPressから出力させたいものをテンプレートタグに置き換える」ことがテーマ作成の基本的な作業になります。

> **MEMO**
> このように、HTMLコーディング時とテーマ化の際で、ディレクトリの構成や位置関係が変わることや、WordPressが出力するclassなどを意識して、テーマ化を前提としたコーディングを行っておくことも非常に大切です。

03 | 04　テーマ作成の初期作業

CSSファイルへのパスを変更すると、style.cssの記述が適用される。

● 共通部分をモジュールテンプレートファイルとして分割する

　多くのサイトでは、ヘッダーやフッター、サイドバーなどはサイト全体で共通して表示されます。このような共通部分は、それぞれのテンプレートファイルに記述するのではなく、モジュールテンプレートファイルとして分割して読み込むようにしておけば、管理を一元化することができます。

テンプレートファイルを分割する

　ヘッダーやフッター、サイドバーは、よくある共通部分なので、WordPressにはあらかじめこれらを読み込むためのテンプレートタグが用意され、読み込まれるファイル名も決められています。この規則を利用してヘッダー用のテンプレートファイルの名前は「header.php」、フッター用は「footer.php」、サイドバー用は「sidebar.php」とします。

　そして、ヘッダーからグローバルナビゲーションまでをheader.php、フッターをfooter.php、サイドバーは、sidebar.phpにそれぞれコピーし、ページを表示するためのテンプレートファイルから切り離します。

> **MEMO**
> テンプレートファイルを分割し、モジュールテンプレートにするときにはページの構造、HTMLのdivの構造などを考え、柔軟に変更ができるポイントを探すようにします。

03 | 04 テーマ作成の初期作業

切り離したモジュールテンプレートファイルを読み込む

切り離したモジュールテンプレートファイルを読み込むには、「インクルードタグ」というテンプレートタグを使います。

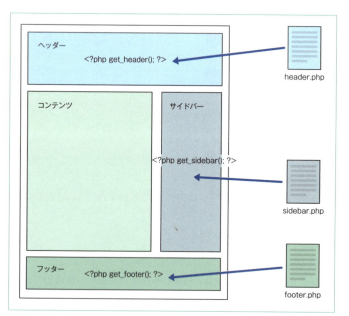

切り離したモジュールテンプレートファイルはインクルードタグで読み込む。

MEMO

コメントと検索フォームのテンプレートファイルについても、専用のインクルードタグが用意されています。コメントテンプレートであるcomments.phpの読み込みには「comments_template()」、検索フォームのテンプレートであるsearchform.phpの読み込みには「get_search_form()」を使用します。

CAUTION

PHPにもインクルードするためのinclude関数がありますが、WordPressではこれは使わず、WordPressのインクルードタグを使うことが推奨されています。これは、子テーマの機能を利用した場合に、親テーマのテンプレートを継承する機能を維持するためです。

03 | 04 テーマ作成の初期作業

読み込むモジュールテンプレートを使い分けたい場合

　共通部分とはいっても、ブログだけはサイドバーの内容を変えたいなど、同じ場所に異なる内容を表示させたいこともあります。そのようなときには、インクルードタグにパラメータを指定することで、読み込むテンプレートファイルを変えることができます。

　例えば、サイドバーが2種類ある場合、「sidebar-1.php」と「sidebar-2.php」などと名前を付けて、ハイフン以下の名前の部分をパラメータで指定します。

▼sidebar-1.php を読み込む記述
```
<?php get_sidebar( 1 ); ?>
```

▼sidebar-2.php を読み込む記述
```
<?php get_sidebar( 2 ); ?>
```

　パラメータの部分は、文字列にすることもできます。固定ページ用のサイドバーに「sidebar-page.php」、ブログ用のサイドバーに「sidebar-blog.php」のようにわかりやすいファイル名を付けておくと管理も楽になります。

▼sidebar-page.php を読み込む記述
```
<?php get_sidebar( 'page' ); ?>
```

▼sidebar-blog.php を読み込む記述
```
<?php get_sidebar( 'blog' ); ?>
```

任意のモジュールテンプレートを読み込む

　ヘッダー、フッター、サイドバーなどは専用の読み込みテンプレートタグがあらかじめ用意されていますが、それ以外のモジュールテンプレートファイルを読み込むときには、get_template_part()というテンプレートタグを使います。

```
<?php get_template_part( 'slug' ); ?>
```

　content.phpという共通パーツ用テンプレートファイルを読み込みたい場合は、次のように記述します。

```
<?php get_template_part( 'content' ); ?>
```

　また、get_template_partは2つのパラメータを持つことができます。

```
<?php get_template_part( 'slug', 'name' ); ?>
```

　content.phpにいくつかのパターンがある場合には、「content-page.php」「content-blog.php」「content-2.php」のように名付け、それぞれ以下の形で読み込むことができます。

063

▼content-page.phpを読み込む
```
<?php get_template_part( 'content', 'page' ); ?>
```

▼content-blog.phpを読み込む
```
<?php get_template_part( 'content', 'blog' ); ?>
```

▼content-2.phpを読み込む
```
get_template_part( 'content', 2 );
```

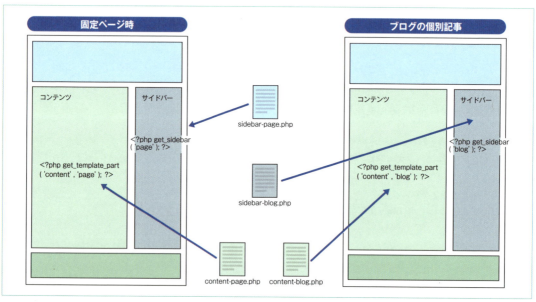

パラメータでモジュールテンプレートファイルを指定する。

◯忘れてはならないwp_head()とwp_footer()

　テンプレートファイルに記述すべき忘れてはならないテンプレートタグとして、wp_head()とwp_footer()があります。wp_head()はテンプレートファイル内の</head>直前に、wp_footer()はテンプレートファイル内の</body>直前に書きます。一般的には、wp_head()はheader.phpに、wp_footer()はfooter.phpに記述します。

　header.phpとfooter.phpを分けて、以下のようにそれぞれコードフォーマットを分けて表示させます。

03 | 04　テーマ作成の初期作業

▼`wp_head()`記述例

```php
<?php wp_head(); ?>
</head>
```

▼`wp_footer()`記述例

```php
<?php wp_footer(); ?>
</body>
</html>
```

　多くのプラグイン、WordPress本体やテーマなどは、このテンプレートタグを用いて、様々なコードを出力します。この記述を忘れてしまうと動作しなくなるプラグインが数多くあります。また、管理画面上部のツールバーもwp_head()とwp_footer()の両方の記述がないと表示されません。wp_head()とwp_footer()は必須のテンプレートタグであると覚えておきましょう。

　モジュールテンプレートファイルをしっかりと設計して、インクルードタグを上手に使うことにより、共通する表示部分が1つのテンプレートに集約された、管理しやすい構造のテーマを作ることができます。一方、ファイル数を増やしすぎて、複雑すぎるテーマになってしまうことは避けなければなりません。バランスのよいテーマの設計ができるよう工夫を重ねてみてください。

　ここまでで、テーマの大きな枠組ができました。トップページの動作確認、共通部分の分離と読み込みの動作確認が終わったら、他のテンプレートファイルも、同様の手順で作成しながら、作り込んでいきましょう。
　Chapter 4からは、サンプルサイトを例に、テンプレートファイルを作り込む上で役立つ方法を説明していきます。なお、サンプルサイトを作る手順を一から説明するのではなく、それぞれのテンプレートファイルを作成するための基礎知識や応用テクニックを取り上げています。

> **MEMO**
>
> サンプルサイトのようにトップページをfront-page.phpやhome.phpで表示させる場合には、動作確認したindex.phpのファイル名をfront-page.phpやhome.phpに変更し、テーマの設計に合わせて別途index.phpを作成しましょう。

03 | 04 テーマ作成の初期作業

COLUMN

テンプレートタグとは

テンプレートタグとは、PHPで作られた、WordPress独自の命令文です。WordPressで何かを実行したり取得したり表示したりするときに使います。<?php　?>というPHPのタグで囲んで表示し()の中にパラメータと呼ばれる細かな指定を入れることができるものもあります。

テンプレートタグとパラメータ

　一般的にテンプレートタグは、おおまかに次のように分けることができます。詳しくはWordPress Codexをご覧ください。

▼WordPressのテンプレートタグ

タグ名	役割	例
一般的な テンプレートタグ	一般的にWordPressの情報を取得したり、表示したりする処理を行うために使う。	blog_info()：ブログの基本情報を取得して表示する。 the_title()：投稿のタイトルを表示する。 the_content()：投稿の内容を表示する。 the_date()：投稿の日時を取得する。 wp_list_categories()：カテゴリーの一覧を表示する。
インクルードタグ	モジュールテンプレートファイルを読み込むために使う。	get_header()：ヘッダーテンプレートを読み込む。 get_footer()：フッターテンプレートを読み込む。 get_sidebar()：サイドバーテンプレートを読み込む。 get_template_part()：その他のテンプレートを読み込む。
条件分岐タグ	表示されているページによって処理を変えたいときに使う。	is_front_page()：サイトのフロントページが表示されている場合。 is_home()：ブログのメインページが表示されている場合。 is_single()：個別投稿ページ（添付ファイルページ、カスタム投稿タイプの個別ページ）が表示されている場合。固定ページは含まない。IDやスラッグなどをパラメータで指定する。 is_category()：カテゴリーのアーカイブページが表示されている場合。IDやスラッグなどをパラメータで指定する。

　このほか、上記に含まれない、WordPress独自に定義された関数もあります。Chapter 4以降、テンプレートタグを使用する際の解説や関連テンプレートタグの説明をしていきますが、全てのタグを説明することはできないため、詳細はWordPress Codexを参照してください。WordPress Codexにはテンプレートタグを始め、様々な情報が網羅されています。「わからないことはCodexで調べる」という習慣を付けるのが、WordPress上達の近道です。

　また、WordPress Codexの日本語版は、日本のWordPressユーザーの有志が英語版を翻訳しているものです。翻訳の関係で英語版とは相違がある場合もあります。慣れるまでは難しいかもしれませんが、できる限り最新の英語版も参照するように習慣づけていくとよいでしょう。

- テンプレートタグ - WordPress Codex 日本語版
  http://wpdocs.osdn.jp/テンプレートタグ

制作編

Chapter 04	固定ページを作成する	068
Chapter 05	ブログを作成する	087
Chapter 06	画像の管理と活用方法	124
Chapter 07	カスタム投稿タイプとカスタム分類を作成する	140
Chapter 08	カスタムフィールドを利用する	167
Chapter 09	カスタムメニューを利用する	188
Chapter 10	ウィジェットを利用する	201
Chapter 11	WordPressループを活用する	206
Chapter 12	ユーザーとのコミュニケーション	224

CHAPTER 04 / SECTION 01　固定ページを作成する

WordPressループを使って
コンテンツを表示する

テンプレートファイルを作成する上で、重要となるのは「WordPressループ」という仕組みです。WordPressループを理解して、固定ページのテンプレートファイルを作成する方法を説明します。

● 固定ページの特徴から、テンプレートタグで置き換える場所を考える

　固定ページの基本的な構成要素は「タイトル」と「本文」です。管理画面で作成したタイトルがページのタイトルに、エディタ欄への記述内容がページの本文になります。

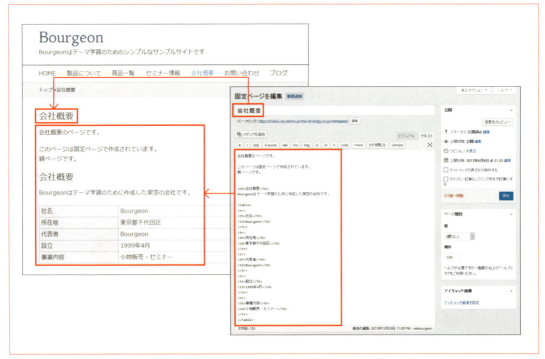

固定ページの基本的な構成要素と、管理画面との関係

　以下は、サンプルサイトの固定ページ用HTMLの一例です。

▼固定ページのHTMLの例

```
<article id="">
  <header class="entry-header">
    <h2 class="entry-title">会社概要</h2>　　←タイトル
  </header>
  <div class="entry-content">
```

04 | 01　WordPressループを使ってコンテンツを表示する

```
    <p>会社概要のページです。</p>
    <p>このページは固定ページで作成されています。<br />親ページです。</p>
    <h2>会社概要</h2>
    <p>Bourgeonはテーマ学習のために作成した架空の会社です。</p>
    <table>
      <tr>
        <th>社名</th>
        <td>Bourgeon</td>

          （略）

      <tr>
      </table>                                                    ←本文
  </div>
</article>
```

　固定ページの特徴と、WordPressの管理画面で作成する内容をふまえると、HTMLコードの例のタイトルと本文の部分が、それぞれ、管理画面のタイトルとエディタ欄に入力した内容に置き換わるとよさそうだとわかります。

▼テンプレートタグで置き換える箇所
```
<h1 class="page-title">【画面管理タイトル】</h1>

<section class="entry-content">【画面管理本文】</section>
```

　HTMLからテンプレートファイルを作成するには、このように「HTMLの中で、WordPressの情報を表示するためにテンプレートタグで置き換えていく部分はどこか」ということを考えていきます。

● WordPressで記事を表示する仕組みを理解する

　固定ページのテンプレートを作成する前に、WordPressで記事を表示させる仕組みについてみていきましょう。

タイトルと本文を表示するテンプレートタグ

　前の章で作成したindex.phpはトップページの表示のためのテンプレートとして使うため、ファイル名をfront-page.phpに変更し、新たにindex.phpを作成します。新たに作成したindex.phpを使って、WordPressで記事を作る仕組みについて調べていきます。

　index.phpには、まずヘッダー、フッターなどのインクルードタグを記述し、さらにタイトルを表示するテンプレートタグthe_title()、本文を表示するテンプレートタグthe_content()を記述します。具体的には、次のコードとなります。

04 | 01 WordPressループを使ってコンテンツを表示する

▼ タイトルと本文を表示する

```
<?php get_header(); ?>
  <div class="inner">
    <div id="content">

      <article id="">
        <header class="entry-header">
          <h2 class="entry-title"><?php the_title(); ?></h2>
        </header>
        <div class="entry-content">
          <?php the_content(); ?>
        </div>
      </article>

<?php get_sidebar(); ?>
    </div>
  </div><!-- #main -->
<?php get_footer(); ?>
```

　この状態で任意の固定ページを作成し、ブラウザで表示してみると、タイトルはあるものの、本文が表示されません。
　WordPressには、記事を表示するための「WordPressループ」という仕組みがあり、the_title()とthe_content()は、WordPressループがないと正常に表示されないのです。

タイトルがあるものの、本文部分は表示されない。

04 | 01　WordPressループを使ってコンテンツを表示する

WordPressループ：記事を表示する仕組み

　WordPressは、ページのリクエストを受けると、そのURLから固定ページなのか、投稿の個別投稿ページなのかなどを判断して記事の情報をデータベースから取得し、テンプレート階層に従ってテンプレートファイルを読み込みます。ただし、この段階では、データベースから取得した記事の情報は$wp_queryという変数に格納されているだけで、実際に表示できる状態にはなっていません。

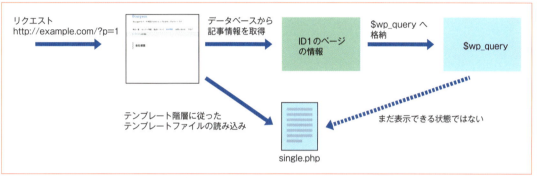

ページのリクエストを受けると、WordPressはURLをもとに該当する記事の情報を$wp_queryに格納する。

　$wp_queryに格納された記事の情報をもとに、表示できる状態に整形するのが、「WordPressループ」という仕組みです。WordPressループでは、表示する記事の情報があるかどうか調べるhave_posts()と、表示する記事の情報をWordPressループの中で表示できる状態に整形するthe_post()という2つの関数を使います。

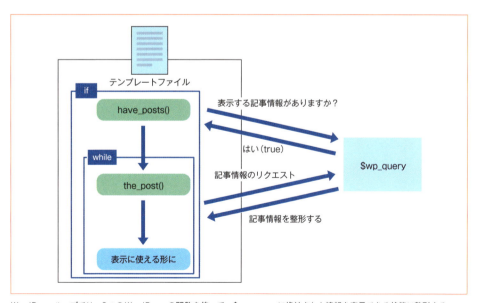

WordPressループでは、2つのWordPressの関数を使って、$wp_queryに格納された情報を表示できる状態に整形する。

071

04 | 01　WordPressループを使ってコンテンツを表示する

WordPressループは以下のように記述します。

▼WordPress ループ

```php
<?php
if ( have_posts() ) :          ●①
  while ( have_posts() ) :
    the_post();
?>
//本文を表示する処理          ②
<?php
  endwhile;
endif;
?>
```

❶if (have_posts())で表示する記事があるかどうか調べる。
❷表示する記事がある場合、the_post()で記事情報を整形して表示できる状態にし、「本文を表示する処理」を行う。表示する
　記事がある間、この処理を繰り返す。

　これがWordPressループの仕組みです。少し難しいですが、まずは「記事を表示するために
はWordPressループという仕組みが必須である」と覚えておきましょう。

　これがWordPressで記事を表示させるための基本的な仕組みです。

> **MEMO**
>
> テンプレートタグの中には、WordPressループの中でしか使えないものと、ループの内外を問わず使
> えるものがあります。テンプレートタグが、WordPressループの中でしか使えないかどうかは、
> WordPress Codexのテンプレートタグの解説で確認することができます。

04 | 01 WordPressループを使ってコンテンツを表示する

● 固定ページのテンプレートファイルを作成する

実際にHTMLをWordPressのテンプレートタグに置き換えて、固定ページのテンプレートファイルを作成する方法を説明します。固定ページ用のHTMLファイル（page.html）の名前をpage.phpに変更し、ヘッダーやフッター部分のコードをモジュールテンプレートファイルを読み込むインクルードタグに差し替えます。

このpage.phpに対して、WordPressループを記述し、タイトルや本文にあたるHTMLをテンプレートタグで差し替えます。

CODE 固定ページをループで表示する（page.php）

```php
<?php
if ( have_posts() ) :              ❶
  while ( have_posts() ) :         ❷
    the_post();
?>
      <article id="post-<?php the_ID(); ?>" <?php post_class(); ?>>   ❸
        <header class="entry-header">
          <h2 class="entry-title"><?php the_title(); ?></h2>   ❹
        </header>
        <div class="entry-content">
          <?php the_content(); ?>     ❺
        </div>
      </article>
<?php
  endwhile;
endif;
?>
```

❶ if (have_posts( ))で表示する記事があるかどうか調べる。
❷ 表示する記事がある間は、処理を繰り返す。
❸ the_ID()で記事のIDを表示してarticleのidとして利用し、post_class()でclassを表示する。
❹ the_title()でタイトルを表示する。
❺ the_content()で本文を表示する。

記述し終わったら実際に固定ページを表示させて、変更した部分が意図通り出力されているかを確認します。この確認をこまめにすることで、記述ミスを早く見付け、手戻りを少なくすることができるようになります。

MEMO

WordPressのテンプレートタグの中には、the_title()とget_the_title()のように似たような名前のものがあります。<?php the_title(); ?> と記述するとタイトルが表示されますが、<?php get_the_title(); ?> としても何も表示されません。テンプレートタグでは、一般的に「get_」が付かないものはそのまま出力し、「get_」が付くものは値を取得します。そのまま表示させるか、PHPで処理を加えたいかなどの用途によって使い分けをします。

073

CHAPTER 04 | SECTION 02 | 固定ページを作成する

固定ページの親子関係と順序を利用する

固定ページは、親子関係や順序を利用して管理画面上で整理したり、表示をコントロールしたりすることができます。

● 固定ページに親子関係を作る

固定ページでは、ページに親子関係を作り、階層構造を持たせることができます。親子関係を作るには、固定ページの編集画面の［ページ属性］設定欄にある［親］プルダウンメニューから、親にしたいページを選択します。

親子関係を作ると、管理画面の［固定ページ］の一覧で、階層構造が反映されます。

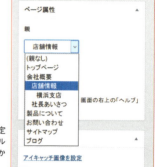

［ページ属性］設定欄にある「親」プルダウンメニューから親ページを選ぶ

親子関係を作ると、階層構造が反映される。

04 | 02 固定ページの親子関係と順序を利用する

● 固定ページに順序を付ける

通常、管理画面で固定ページは名前順に並んでいます。順序を付けるには、固定ページ編集画面の［ページ属性］設定欄にある［順序］に数字を入力します。管理画面では、数字の小さい順に並びます。

[ページ属性] 設定欄にある [順序] に数字を入力する。

順序を設定すると数字の小さい順に表示される。

順序の数字を決める際には親ページに「100、200、300…」と大きな数字を振っておき、100の子ページの場合は「110、120、130…」、200の子ページの場合は「210、220、230…」というように指定していくと、ページを後から追加した場合でも、間に差し込みやすくなります。

04 | 02　固定ページの親子関係と順序を利用する

ページ数の追加に対応しやすい順序の設定例

MEMO
固定ページの親子関係と順序は、固定ページ画面の［クイック編集］から編集することもできます。

● 親子関係や順序を利用した固定ページのメニューを作る

　管理画面で設定した親子関係や順序を利用した固定ページのメニューを作ってみましょう。固定ページのリストを表示するには、wp_list_pages()というテンプレートタグを使います。

CODE　　固定ページのリストを表示する（sample/sidebar-page-1.php）

```
<h2>デフォルトリストの例</h2>
    <ul>
    <?php wp_list_pages(); ?>
    </ul>
```

04 | 02 固定ページの親子関係と順序を利用する

▼**wp_list_pages()で出力されるHTMLの例**

```html
<h2>デフォルトリストの例</h2>
<ul>
<li class="pagenav">固定ページ
  <ul>
  <li class="page_item page-item-6"><a href="#">トップページ</a></li>
  <li class="page_item page-item-8 page_item_has_children current_page_item"><a href="#">
会社概要</a>
    <ul class='children'>
    <li class="page_item page-item-10 page_item_has_children"><a href="#">店舗情報</a>
      <ul class='children'>
      <li class="page_item page-item-13"><a href="#">千葉支店</a></li>
      <li class="page_item page-item-17"><a href="#">横浜支店</a></li>
      </ul>
    </li>
    <li class="page_item page-item-21"><a href="#">社長あいさつ</a></li>
    </ul>
  </li>
  <li class="page_item page-item-23 page_item_has_children"><a href="#">製品について</a>
    <ul class='children'>
    <li class="page_item page-item-25"><a href="#">製品の特長</a></li>
    </ul>
  </li>
  <li class="page_item page-item-28"><a href="#">お問い合わせ</a></li>
  <li class="page_item page-item-30"><a href="#">サイトマップ</a></li>
  <li class="page_item page-item-33"><a href="#">ブログ</a></li>
  </ul>
</li>
</ul>
```

※コードをわかりやすくするためにリンクのURLを「#」と置き換えています。

デフォルトリストの例

- 固定ページ
  - トップページ
  - 会社概要
    - 店舗情報
      - 千葉支店
      - 横浜支店
    - 社長あいさつ
  - 製品について
    - 製品の特長
  - お問い合わせ
  - サイトマップ
  - ブログ

wp_list_pages()で出力された
コードの表示結果

wp_list_pages()で出力されるリストには、次のようなclassが付きます。

| 04 | 02 | 固定ページの親子関係と順序を利用する |

▼ wp_list_pages()で出力されるリストに付くclass（一部）

class名	説明
pagenav	リストのタイトルに付く
page-item	全ての固定ページのli要素に付く
page-item-ID	全ての固定ページのli要素に付く、ページのID。例）.page-item-2
current_page_item	現在表示している固定ページに付く
current_page_parent	現在表示している固定ページの（直接の）親ページに付く
current_page_ancestor	現在表示している固定ページの祖先ページに付く
children	子ページをラップするul要素に付く

これらのclassを利用して、先程のリストの見た目を整える例を示します。現在表示している固定ページのメニューをピンク色で表示されるようにし、親子関係もインデントを付けて明確になるようにします。

▼ wp_list_pages()で出力されるclass名を利用したCSS (style.css)

```css
.sub-menu h2 {
  border-bottom: 1px dotted #a6a6aa;
  font-size: 1em;
}
.sub-menu .pagenav {
  list-style: none;
}
.sub-menu .pagenav ul {
  margin: 0;
  list-style: none;
  font-size: 0.9em;
}
.sub-menu .pagenav ul ul {
  font-size: 1em;
}
.sub-menu .pagenav > ul {
  padding: 3px;
  border: 1px solid #8da0b0;
  border-radius: 3px;
}
.sub-menu .pagenav > ul li {
  padding: 5px 0;
  border-top: 1px dotted #8da0b0;
}
.sub-menu .children {
  padding-left: 1em;
}
.sub-menu .pagenav >ul li:first-child,
.sub-menu .pagenav .children li {
  border: none;
}
```

04 | 02　固定ページの親子関係と順序を利用する

```
.sub-menu .pagenav >ul li:before {
  width: 10px;
  height: 10px;
  font-size: 10px;
  font-family: 'Genericons';
  content: '\f104';         ❶
}
.sub-menu a:hover {
  text-decoration: underline;
}
.sub-menu .current_page_item a {
  color: #faa0f1;
}
.sub-menu .current_page_item .children a {
  color: #496a8d;
}
```

❶Windowsのテキストエディタでは、バックスラッシュは¥マークで表示されます。

WordPressで出力されるクラスを利用して見た目を整える。

メニューを順序に従った並びにする

　管理画面で設定した順序に従ってメニューを並べるには、wp_list_pages()のパラメータsort_columnにmenu_orderを指定します。

▼固定ページのリストを順序に従って並べる
```
<h2>管理画面の「順序」に従い タイトルなしで表示</h2>
  <ul>
  <?php wp_list_pages( 'sort_column=menu_order&title_li=' ); ?>
  </ul>
```

　上記のコードでは、値が空のパラメータtitle_liを指定しています。この指定により「固定ページ」と出力されていたリストのタイトルが出力されなくなります。

CHAPTER 04 / SECTION 03　固定ページを作成する

固定ページごとに表示内容やデザインを変える

実際の制作では、固定ページごとに表示内容やデザインを変えるケースがあります。その実現手段として4つの方法があります。ここでは、これらの方法と使用例を説明します。

● 表示内容やデザインを変える4つの方法

固定ページごとに表示内容やデザインを変えるには、大きく分けて4つの方法があります。

方法1：テンプレート階層を利用する

テンプレート階層を利用して、特定の固定ページの表示内容を変えます。ページスラッグやページIDをテンプレートファイル名に含めた、page-{slug}.phpやpage-{ID}.phpというテンプレートファイルを作り、優先的に適用されるようにします。適用されるテンプレートが完全に分かれるので、特定のページのみ表示内容を変えたい場合に適しています。

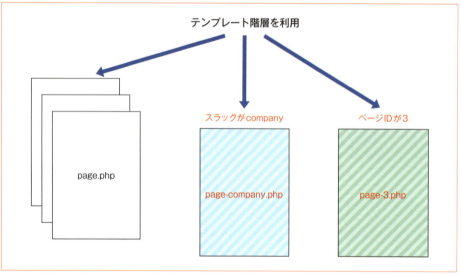

テンプレート階層を利用して、固定ページの表示内容を変える。

方法2：カスタムテンプレートを利用する

カスタムテンプレートは管理画面上で選択して適用することができるテンプレートです。

080

04 | 03　固定ページごとに表示内容やデザインを変える

カスタムテンプレートを作成すれば、固定ページの新規追加／編集画面の［ページ属性］設定欄にある［テンプレート］プルダウンメニューから選択できるようになる。

　カスタムテンプレートの作り方は、まず、任意の名前のテンプレートファイルを作ります。ただし、テンプレート階層で利用されるような名前は避けてください。

　次に、テンプレートファイルの先頭に、カスタムテンプレートとして認識させるためのコメントを記述します。「Template Name」で指定された値は、カスタムテンプレートの名前として、管理画面に表示されます。このコメントによって、［ページ属性］設定欄にある［テンプレート］プルダウンメニューから選択できるようになります。

▼カスタムテンプレートとして認識させるためのコメント

```php
<?php
/*
Template Name: 1カラム用テンプレート
*/
?>
```

　カスタムテンプレートを利用する方法は、管理画面から自由にテンプレートファイルを選択したい場合や、複数のページに同じテンプレートを適用したいが、適用したい固定ページに一定のルールが存在しない場合などに適しています。

方法3：条件分岐タグis_page()を利用する

　条件分岐タグのis_page()を利用すると、表示しているページが指定した条件と合っているかを調べ、表示する内容を切り替えることができます。通常、以下のようにif文と組み合わせて使います。

▼条件分岐タグの使用例

```php
<?php if ( is_page( 'company' ) ) : ?>
    条件と合致する場合の表示内容
<?php else: ?>
    条件と合致しない場合の表示内容
<?php endif; ?>
```

　表示内容が一部のみ変わるような場合、テンプレートを分けるよりも、1つのテンプレートファイル内で条件分岐タグを使って出力内容を書き分けた方が効率のよいこともあります。条件分岐タグは、パラメータにより細かく条件を設定することができます。

is_page()の場合は、パラメータとして固定ページのID、もしくはスラッグを指定できます。表示しているページのID、スラッグがパラメータで指定された値と同じ場合、is_page()は結果を真として返します。

複数の固定ページのいずれかであるかどうかを判定する場合は、パラメータを配列で指定することが可能です。

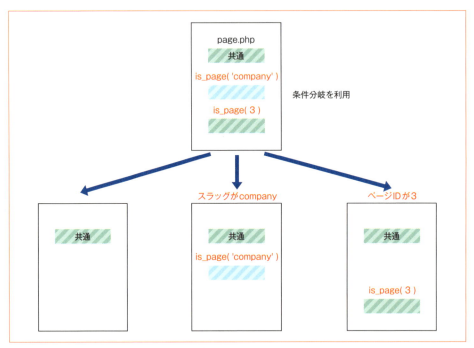

条件分岐タグを利用して、固定ページの表示内容の一部のみを変える。

is_page()以外にも、ページ種別を判定する条件分岐タグは多数存在しています。主なものとしては、以下が挙げられます。その他の条件分岐タグや詳しいパラメータについては、WordPress Codexを参照してください。

▼主な条件分岐タグ

タグ	条件	パラメータ
is_page()	固定ページが表示されているかどうか	固定ページのID、タイトル、スラッグ
is_front_page()	サイトのフロントページが表示されているかどうか	なし
is_home()	ホームページが表示されているかどうか	なし
is_single()	個別投稿ページが表示されているかどうか	投稿のID、タイトル、スラッグ
is_category()	カテゴリーのアーカイブが表示されているかどうか	カテゴリーのID、名前、スラッグ
is_tag()	タグのアーカイブが表示されているかどうか	タグのID、名前、スラッグ
is_date()	日付別アーカイブが表示されているかどうか	なし
is_archive()	アーカイブページが表示されているかどうか。カテゴリー、タグ、日付などアーカイブページの全てで有効	なし

04 | 03 固定ページごとに表示内容やデザインを変える

方法4：body_class()やpost_class()を利用する

ページによって見出しのデザインを変えたいなど、CSSで制御できる場合は、わざわざテンプレートファイルを作るほどのことではありません。条件分岐タグを使い、HTMLやclass名を出し分けても問題ありませんが、より簡単な方法があります。

body_class()やpost_class()というテンプレートタグを使うと、表示されているページに応じたclassが追加されるので、それをもとにCSSを適用できます。

▼body_class()やpost_class()で追加される主なクラス

タグ	追加されるclass	パラメータ
body_class()	home blog archive date search paged attachment error404 single postid-{ID} attachmentid-{ID} attachment-{mime-type} author author-{user_nicename} category category-{slug} tag tag-{slug} page-parent page-child parent-pageid-{ID} page-template page-template-{template file name}	任意のclassを追加できる。複数指定するときは（半角）スペースで区切る。
post_class()	post-{ID} post attachment sticky hentry category-{ID} category-{slug} tag-{slug}	任意のclassを追加できる。複数指定するときは（半角）スペースで区切る。

▼body_class()やpost_class()の使い方と出力例

083

04 | 03 固定ページごとに表示内容やデザインを変える

body_class()やpost_class()の適用範囲は下図のように異なります。組み合わせたり、使い分けたりするとよいでしょう。

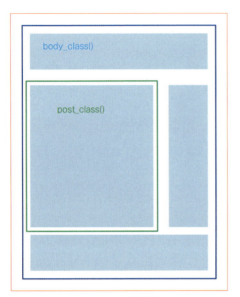

body_class()やpost_class()の適用範囲

次は、これらの方法を利用した応用例を挙げます。

●子ページのみにコンテンツを表示する

現在表示している固定ページが親ページであるか子ページであるかによって、表示する内容を変えたい場合があります。残念ながら、子ページであるかどうかを判定する条件分岐タグはありません。ここでは、子ページであるかどうかを判定する独自の関数を作る例を説明します。関数として作ることで、テンプレート内に複雑なコードを書いたり、何度も同じ処理を書いたりせずに済むため、効率的に開発できます。以下のコードをfunctions.phpに記述します。

CODE 子ページであるかどうかを判断する関数 (functions.php)

```php
function bourgeon_is_subpage() {   ①
  global $post;                    ②
  if ( is_page() && $post->post_parent ) {   ③
    return $post->post_parent;     ④
  } else {
    return false;                  ⑤
  };
}
```

❶子ページかどうか判定する関数「bourgeon_is_subpage()」を定義する。
❷現在表示している記事が格納されている変数$postを関数内で参照できるようにする。
❸現在表示している記事が固定ページで、なおかつ親ページを持つかどうかをチェックする。
❹固定ページで親ページを持つ場合は親ページのIDを返す。
❺条件に合致しない場合はfalseを返す。

04 | 03 固定ページごとに表示内容やデザインを変える

このように、自作した関数であっても、WordPressの条件分岐タグと同じように使うことができます。

● 同じ親を持つ固定ページに同じCSSを適用する

固定ページを階層化している場合、同じ親を持つ固定ページには同じCSSを適用したいことがあります。その場合に、CSSで制御しやすいように、body要素のidは親ページのスラッグ、classはbody_class()を用いて、現在表示している固定ページのスラッグが追加されるようにカスタマイズする例を説明します。

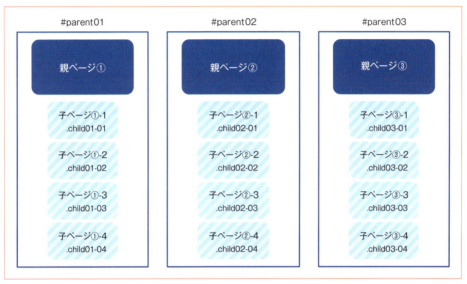

bodyのidには親ページのスラッグが追加され、classはbody_class()を用いて、現在表示している固定ページのスラッグが追加されるようにする。

出力される内容は、「<body id="親ページのスラッグ" class="body_class()の出力内容＋ページのスラッグ">」となるようにします。これによってCSSは次のようなルールで記述できます。

▼style.css
```
#parent01
    /* 親ページがcompanyの固定ページ向けのCSS */
}
#parent01.child01-01
    /* 親ページがcompanyのmessageという固定ページ向けのCSS */
}
```

まず、親ページのスラッグを出力する関数を作ります。以下のコードをfunctions.phpに記述します。

04 | 03 固定ページごとに表示内容やデザインを変える

CODE   body要素のidに親ページのスラッグを出力する関数（functions.php）

```php
function bourgeon_page_body_id() {                               ①
  if ( is_page() ) {                                             ②
    global $post;                                                ③
    if ( $post->ancestors ) {                                    ④
      $root = $post->ancestors[count( $post->ancestors ) - 1];   ⑤
      $root_post = get_post( $root );                            ⑥
      $body_id = esc_attr( $root_post->post_name );              ⑦
    } else {
      $body_id = esc_attr( $post->post_name );                   ⑧
    }
    echo 'id="' . $body_id . '"';                                ⑨
  }
}
```

❶親ページのスラッグを表示するための関数「bourgeon_page_body_id()」を定義する。
❷条件分岐タグのis_page()を使って、固定ページのときのみ適用する。
❸現在表示している記事が格納されている変数$postを関数内で参照できるようにする。
❹親ページを持つかどうかをチェックする。
❺親ページの配列から一番元となる親ページのIDを取り出す。
❻一番元となる親ページの情報を取得する。
❼一番元となる親ページのスラッグをエスケープ処理した後、$body_idに格納する。
❽親ページを持たない場合、ページのスラッグをエスケープ処理した後、$body_idに格納する。
❾$body_idを出力する。

　次に、body要素のclassを出力するbody_class()に固定ページのスラッグが追加されるようにカスタマイズします。次のコードをfunctions.phpに記述します。

CODE   body要素のclassに固定ページのスラッグを追加する関数（functions.php）

```php
function bourgeon_add_page_body_class( $classes ) {              ①
  if ( is_page() ) {
    global $post;
    $classes[] = esc_attr( $post->post_name );                   ②
  }
  return $classes;                                               ③
}
add_filter( 'body_class', 'bourgeon_add_page_body_class' );      ④
```

❶body要素のclass名にページのスラッグを追加する関数「bourgeon_add_page_body_class()」を定義する。
❷$classes配列にページのスラッグをエスケープ処理した後に追加する。
❸$classesを返す。
❹body_classでbourgeon_add_page_body_class()が実行されるようにフィルターフックを追加する。フィルターフックについては、P147のMEMOを参照してください。

　これで、body要素のidには親ページのスラッグが出力され、body_class()に現在のページのスラッグが追加されるようになりました。例えば、以下のように使います。

CODE   header.php

```php
<body <?php bourgeon_page_body_id(); ?> <?php body_class(); ?>>  ①
```

❶bourgeon_page_body_id()とbody_class()を出力する。

CHAPTER 05 | SECTION 01

ブログを作成する

個別投稿ページを作成する

ブログの個別投稿ページの場合も、固定ページと同様にWordPressループを利用し、その中でテンプレートタグを使ってタイトル、本文、公開日時、カテゴリー、タグなどの情報を表示します。

● 個別投稿ページに表示する基本要素

個別投稿ページの作り方は、基本的には固定ページと同じです。WordPressループを利用し、その中でテンプレートタグを使って必要な情報を表示します。サンプルサイトの個別投稿ページでは、タイトルと本文に加えて、下図のように公開日・作成者・カテゴリー・タグ・前後の記事へのリンクを掲載しています。

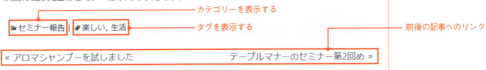

サンプルサイトの個別投稿ページ

05 | 01　個別投稿ページを作成する

テンプレートファイルの準備

サンプルサイトでは、個別投稿ページを表示するためのテンプレートファイルには「single.php」を使います。ブログ個別投稿ページ用HTMLファイル(single.html)の名前をsingle.phpに変更し、Chapter 04の01で説明したようにWordPressループを利用し、テンプレートタグを使ってタイトルと本文を表示するようにしたものが以下のコードです。

CODE　個別投稿ページでタイトルと本文を表示する(single.php)

```php
(略)
<?php
if ( have_posts() ) :
  while ( have_posts() ) :
    the_post();
?>
        <article id="post-<?php the_ID(); ?>" <?php post_class(); ?>>
          <header class="entry-header">
            <h2 class="entry-title"><?php the_title(); ?></h2>
            <div class="entry-meta">
              <div class="entry-date">
                <span class="genericon genericon-month"></span>2015年11月1日 | <span class="genericon genericon-user">webourgeon</span>
              </div>
            </div>
          </header>
          <div class="entry-content">
            <?php the_content(); ?>
          </div>
          <footer class="entry-footer">
            <div class="entry-meta">
              <span class="cat-links"><span class="genericon genericon-category"></span><a href="" rel="category tag">セミナー報告</a></span>
              <span class="tag-links"> | <span class="genericon genericon-tag"></span><a href="" rel="tag">楽しい</a>, <a href="" rel="tag">生活</a></span>
            </div>
          </footer>
        </article>
        <nav id="nav-below" class="navigation" >
          <ul>
            <li class="nav-previous"><a href="" rel="prev">&laquo; アロマシャンプーを試しました</a></li>
            <li class="nav-next"><a href="" rel="next">テーブルマナーのセミナー第2回め &raquo;</a></li>
          </ul>
        </nav>
<?php
  endwhile;
endif;
?>
(略)
```

公開日と作成者

カテゴリー

タグ

前後の記事へのリンク

088

| 05 | 01 | 個別投稿ページを作成する |

ここからさらに、公開日、作成者、カテゴリー、タグ、前後の記事へのリンクを、テンプレートタグを使って表示する方法を説明します。

● 日付を表示する：the_date()とthe_time()

記事の公開日時を表示するテンプレートタグはいくつかあり、その代表的なものはthe_date()です。表示される日付のフォーマットは、管理画面の［設定］＞［一般設定］にある［日付のフォーマット］の設定が標準となります。それ以外のフォーマットで表示したい場合には、the_date()のパラメータにPHPの日付関数の書式で指定します。

▼ 記事の公開日時を表示するテンプレートタグ

```
<?php the_date(); ?>
```

日付のフォーマットは［日付のフォーマット］の設定が標準となる。

05 | 01   個別投稿ページを作成する

同じ公開日の記事にも日付を表示する

WordPressループ内に同じ公開日の記事が複数あると、the_date()の場合、最初の1記事にしか日付が表示されません。個別投稿ページであれば、WordPressループ内で表示するのは1記事なので問題ありませんが、アーカイブページなどでは、最初の1記事しか表示されないのでは困るときもあります。そのようなときには、記事の公開日を取得するget_the_date()や、公開時間を表示するthe_time()を使います。

▼記事の公開日を取得するテンプレートタグ

```php
<?php echo get_the_date(); ?>
```

the_time()は、パラメータを指定しない場合に［一般設定］の［時刻フォーマット］形式での公開時間を表示します。パラメータには、PHPの日付関数の書式で表示フォーマットを指定できます。また、get_option()を使って［日付のフォーマット］の形式を適用することもできます。

▼記事の公開時刻を表示するテンプレートタグ

記事の投稿日を年月日で表示する
```php
<?php the_time( 'Y年n月j日' ); ?>
```

記事の投稿日を管理画面のフォーマットに従って表示する
```php
<?php the_time( get_option( 'date_format' ) ); ?>
```

サンプルサイトでは、アーカイブページなどの一覧表示との共通性も考えて、常に全ての記事に公開日時が表示されるようにthe_time()を使っています。

CODE   サンプルサイトの公開日時を表示するコード(single.php)

```php
<span class="genericon genericon-month"></span><?php the_time( get_option( 'date_format' ) ); ?>
```

●カテゴリーを表示する：the_category()

投稿が属するカテゴリーを表示するにはthe_category()を使います。このテンプレートタグは、カテゴリーをカテゴリー一覧へのリンク付きで表示します。また、パラメータでカテゴリー間を区切る文字列などを指定できます。

▼記事のカテゴリーを表示するテンプレートタグ

```php
<?php the_category( ', ' ); ?>
```

サンプルサイトでは、カテゴリーを「, 」で区切って表示しています。

CODE   サンプルサイトのカテゴリーを表示するコード (single.php)

```php
<span class="cat-links"><span class="genericon genericon-category"></span><?php the_category( ', ' ); ?></span>
```

05 | 01　個別投稿ページを作成する

カテゴリーの情報を取得する

記事が属するカテゴリーをリンクなしで表示したり、カテゴリーの持つ情報を利用したい場合には、カテゴリーの情報を取得するget_the_category()を使います。

▼get_the_category()で取得できる主な値

値	説明
term_id	カテゴリー ID
name	カテゴリー名
slug	カテゴリースラッグ
description	カテゴリーの説明
parent	親カテゴリーのカテゴリーのID。親カテゴリーがない場合は「0」となる
count	カテゴリーに属する投稿数

▼get_the_category()を使ってカテゴリー名を表示するコードの例

```php
<?php
  $cat = get_the_category();
  $cat = $cat[0];
  if ( $cat ) {
    echo esc_html( $cat->name );
  }
?>
```

● タグを表示する：the_tags()

記事に紐付けられているタグを表示するにはthe_tags()を使います。このテンプレートタグは、タグをリンク付きで表示します。また、パラメータでタグ間を区切る文字列や、タグ一覧の前後に挿入する文字列を指定することができます。

▼記事のタグを表示するテンプレートタグ

```php
<?php the_tags(); ?>
```

> **CODE**　サンプルサイトのタグを表示するコード (single.php)

```php
<span class="tag-links"><?php the_tags( ' | <span class="genericon genericon-tag"></span>', ', ' ); ?></span>
```

05 | 01 個別投稿ページを作成する

タグの情報を取得する

記事に付けられているタグをリンクなしで表示したり、タグの持つ情報を利用したい場合には、タグの情報を取得するget_the_tags()を使います。

▼get_the_tags()で取得できる主な値

値	説明
term_id	タグのID
name	タグ名
slug	タグのスラッグ
description	タグの説明
count	タグに属する投稿数

● 作成者を表示する：the_author()

記事の作成者を表示するにはthe_author()を使います。管理画面の［ユーザー］＞［あなたのプロフィール］にある［ブログ上の表示名］で指定した名前を表示します。このテンプレートタグにはパラメータはありません。

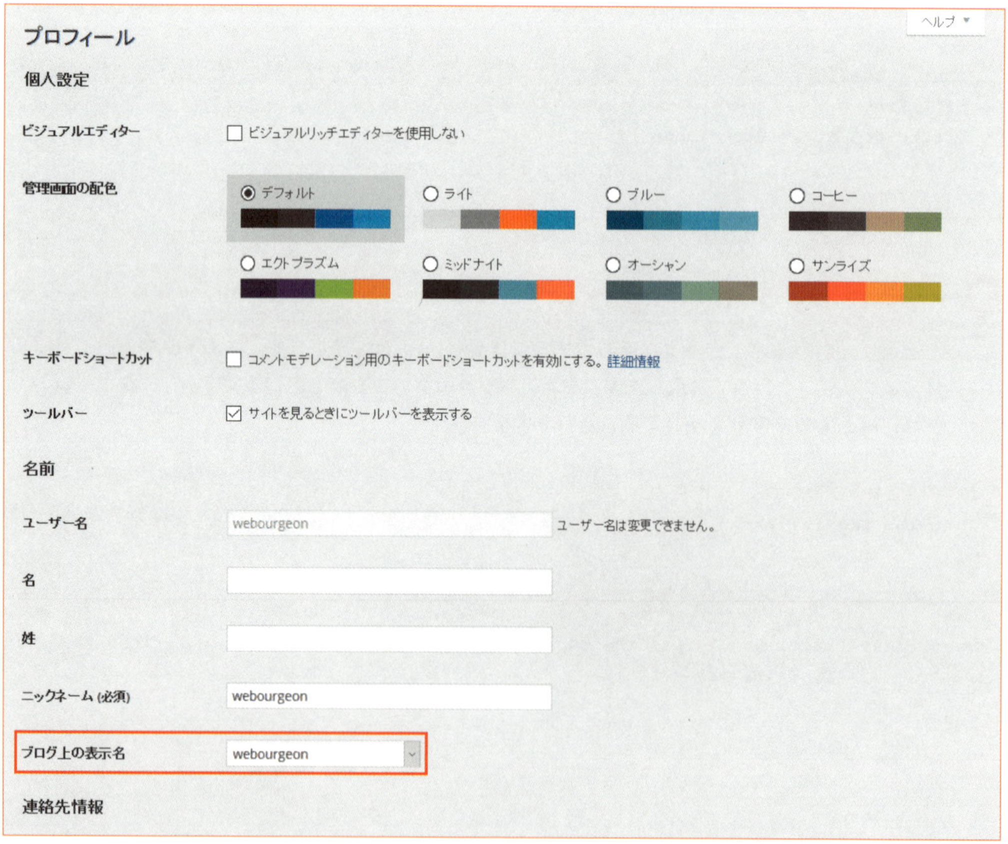

［ブログ上の表示名］が作成者として表示される。

05 | 01 個別投稿ページを作成する

▼記事の作成者を表示するテンプレートタグ

```php
<?php the_author(); ?>
```

CODE　記事の作成者を表示するコード（single.php）

```php
<span class="genericon genericon-user"></span><?php the_author(); ?>
```

● 前後の記事へのリンクを表示する： previous_post_link()、next_post_link()

前後の記事へのリンクを表示するには、1つ前の記事へのリンクを表示するprevious_post_link()、次の記事へのリンクを表示するnext_post_link()を使います。これらのタグは、前後の記事のタイトルをリンク付きで表示します。

CODE　サンプルサイトの前後の記事へのリンクを表示するコード（single.php）

```php
<nav id="nav-below" class="navigation" >
  <ul>
    <?php previous_post_link( '<li class="nav-previous">%link</li>', '&laquo; %title' );
?>
    <?php next_post_link( '<li class="nav-next">%link</li>', '%title &raquo;' ); ?>
  </ul>
</nav>
```

● ページ分割した記事のページングを表示する：wp_link_pages()

WordPressでは記事が長くなる場合などに、管理画面の記事編集画面で「<!--nextpage-->」というコメントタグを挿入すると、その箇所で記事をページ分割することができます<!--nextpage-->は、1つの記事内に複数挿入できます。

分割表示されたページのページングを表示するにはwp_link_pages()を使います。wp_link_pages()はループ内に記述する必要があります。

CODE　サンプルサイトのページングを表示するコード（single.php）

```php
<?php
  wp_link_pages( 'before=<nav class="pages-link">&after=</nav>&link_before=<span>&link_after=</span>' );
?>
```

093

05 | 01　個別投稿ページを作成する

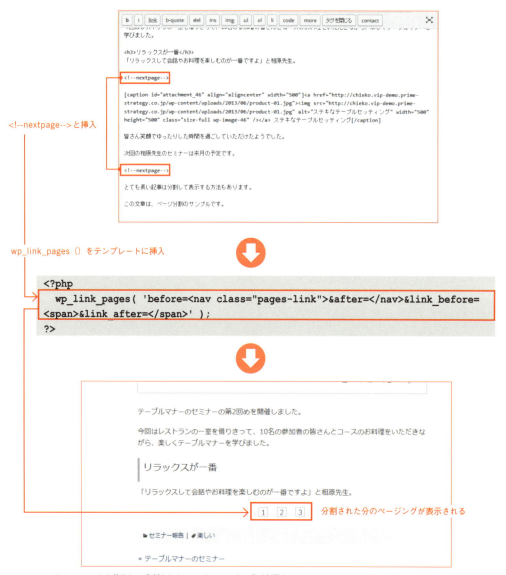

wp_link_pages()を使うと、分割されたページのページングが表示される。

●完成した個別投稿ページのテンプレートファイル

これまでに解説したテンプレートタグで、該当部分を置き換えたsingle.phpは次の通りです。通常、個別投稿ページにはコメント欄を掲載することが多いですが、コメント欄についてはChapter 12の01で説明します。

CODE　個別投稿ページ（single.php）

```
（略）
<?php
```

05 | 01　個別投稿ページを作成する

```php
if ( have_posts() ) :
  while ( have_posts() ) :
    the_post();
?>
        <article id="post-<?php the_ID(); ?>" <?php post_class(); ?>>
          <header class="entry-header">
            <h2 class="entry-title"><?php the_title(); ?></h2>
            <div class="entry-meta">
              <div class="entry-date">
                <span class="genericon genericon-month"></span><?php the_time( get_
option( 'date_format' ) ); ?> | <span class="genericon genericon-user"></span><?php
the_author(); ?>
              </div>
            </div>
          </header>
          <div class="entry-content">
            <?php the_content(); ?>
<?php
    wp_link_pages( 'before=<nav class="pages-link">&after=</nav>&link_before=<span>&link_
after=</span>' );
?>
          </div>
<?php
    if ( is_singular( 'post' ) ) :
?>
          <footer class="entry-footer">
            <div class="entry-meta">
              <span class="cat-links"><span class="genericon genericon-category"></
span><?php the_category( ', ' ); ?></span>
              <span class="tag-links"><?php the_tags( ' | <span class="genericon
genericon-tag"></span>', ', ' ); ?></span>
            </div>
          </footer>
<?php
    endif;
?>
        </article>
        <nav id="nav-below" class="navigation" >
          <ul>
            <?php previous_post_link( '<li class="nav-previous">%link</li>', '&laquo;
%title' ); ?>
            <?php next_post_link( '<li class="nav-next">%link</li>', '%title &raquo;' );
?>
          </ul>
        </nav>
<?php
  endwhile;
endif;
?>
(略)
```

公開日時、作成者

ページ分割のページング

カテゴリー

タグ

前後の記事へのリンク

CHAPTER 05 | SECTION 02 | ブログを作成する

アーカイブページを作成する

アーカイブページの場合も、固定ページや個別投稿ページと同様にWordPressループを利用し、テンプレートタグを使って必要な情報を表示します。

● アーカイブページに表示する基本要素

アーカイブページの作り方は、基本的には固定ページや個別投稿ページと同じです。WordPressループを利用し、テンプレートタグを使って必要な情報を表示させていきます。例えば、サンプルサイトのアーカイブページでは、右の図のように、アーカイブページのタイトル、記事のタイトルと個別投稿ページへのリンク、記事の抜粋、前後のページへのリンクを表示しています。

月別のアーカイブ

タグアーカイブ

カテゴリーアーカイブ

前後のページへのリンク

05 | 02　アーカイブページを作成する

テンプレートファイルの準備

　サンプルサイトでは、ブログのアーカイブページを表示するためのテンプレートファイルを archive.phpとすることにしました。ブログ記事一覧用HTMLファイル（archive.html）の名前 を archive.phpに変更し、Chapter 04の01で説明したようにWordPressループを利用し、テ ンプレートタグを使ってタイトル、公開日時、本文、カテゴリー、タグ、作成者を表示するよう にしたものが以下のコードです。

CODE　アーカイブページにタイトル、公開日、本文、カテゴリー、タグ、作成者を表示する（archive.php）

```php
（略）
<?php
if ( have_posts() ) :
?>
    <header class="page-header">
      <div class="inner">
        <h1 class="page-title">アーカイブページのタイトル</h1>        ← ページのタイトル
      </div>
    </header>
    <div class="inner">
      <div id="content">
<?php
  while ( have_posts() ) :
    the_post();
?>
        <article id="post-<?php the_ID(); ?>" <?php post_class(); ?>>
          <header class="entry-header">                                 ← 記事のタイトル
            <h2 class="entry-title"><a href="" title=""><?php the_title(); ?></a></h2>
            <div class="entry-meta">
              <span class="icon genericon-month"><?php the_time( get_option( 'date_
format' ) ); ?></span> |
              <span class="icon genericon-user"><?php the_author(); ?></span>  ← 公開日と作成者
            </div>
          </header>
          <div class="entry-content cf">
            <div class="thumbnail">
              <img src="" alt="">
            </div>
            <?php the_content(); ?>        ← 本文
          </div>
          <footer class="entry-footer">
            <div class="entry-meta">
              <span class="cat-links icon genericon-category"><?php
    $taxonomies = get_object_taxonomies( $post, 'names' );
    if ( $taxonomies ) :
      $tax_name = $taxonomies[0];
      the_terms( $post->ID, $tax_name, '', '' );  ← カテゴリー
    endif;
?></span>
```

097

05 | 02　アーカイブページを作成する

```php
<?php
    if ( get_the_tags() ) :
?>
            <span class="tag-links"><?php the_tags( '  | <span class="icon genericon-
tag">', ', ', '</span>' ); ?></span> -----—

        </div>
      </footer>
    </article>
<?php
  endwhile;
endif;
?>
（略）
```

タグ

　ここからさらに、アーカイブページタイトルの出し分け、リンク付きの記事タイトル、記事の抜粋、前後のページへのリンクを、テンプレートタグを使って表示する方法を説明します。

アーカイブページのタイトルを出し分ける： 条件分岐タグと single_cat_title()、single_tag_title()、get_the_date()

　サンプルサイトでは、カテゴリー・タグ・月別のアーカイブページを同じフォーマットで表示するので、archive.php を共通で利用するテンプレートとして作成することにしました。ただし、アーカイブページのタイトルだけは適切なものを表示させたいので、条件分岐タグを使い、それぞれ適切なタイトルを出し分けてみましょう。

　archive.php で出力されるアーカイブページの種別と、そのページ種別かどうかを判断する条件分岐タグは以下の通りです。

▼アーカイブページの種類と使用する条件分岐タグ

アーカイブの種類	条件分岐タグ
カテゴリーのアーカイブ	is_category()
タグのアーカイブ	is_tag()
日別のアーカイブ	is_day()
月別のアーカイブ	is_month()
年別のアーカイブ	is_year()

　1つのページでタイトルを出し分けるには、PHPのif ～ elseif ～ else 文とWordPressの条件分岐タグを組み合わせて使います。

05 02 アーカイブページを作成する

▼アーカイブページのタイトルを出し分ける記述の例

```php
<?php
if ( is_category() ) {        ❶
  //カテゴリーのアーカイブのタイトルを表示する処理
} elseif ( is_tag() ) {        ❷
  //タグのアーカイブのタイトルを表示する処理
} elseif ( is_day() ) {        ❸
  //日別のアーカイブのタイトルを表示する処理
} elseif ( is_month() ) {        ❹
  //月別のアーカイブのタイトルを表示する処理
} elseif ( is_year() ) {        ❺
  //年別のアーカイブのタイトルを表示する処理
} else {        ❻
  //上記に当てはまらない場合のタイトルを表示する処理
}
?>
```

❶ カテゴリーアーカイブページである場合
❷ タグアーカイブページである場合
❸ 日別アーカイブページである場合
❹ 月別アーカイブページである場合
❺ 年別アーカイブページである場合
❻ 上記に当てはまらない場合

アーカイブのタイトルを取得して表示する

　各アーカイブページのタイトルを表示する記述を追加していきます。カテゴリーのアーカイブのタイトルを表示するにはsingle_cat_title()、タグのアーカイブの場合はsingle_tag_title()、日別・月別・年別のアーカイブの場合はget_the_date()を使用します。

　get_the_date()は、本来記事の公開日時を取得するテンプレートタグですが、事実上問題とならないため利用しています。

CODE アーカイブページのタイトルを出し分けるコード例

```php
    <h1 class="page-title"><?php
if ( is_category() ) {
  echo 'カテゴリー「' . single_cat_title( '', false ) . '」の投稿一覧';
} elseif ( is_tag() ) {
  echo 'タグ「' . single_tag_title( '', false ) . '」の投稿一覧';
} elseif ( is_day() ) {
  echo '「' . get_the_date( 'Y年n月j日' ) . '」の投稿一覧';
} elseif ( is_month() ) {
  echo '「' . get_the_date( 'Y年n月' ) . '」の投稿一覧';
} elseif ( is_year() ) {
  echo '「' . get_the_date( 'Y年' ) . '」の投稿一覧';
(略)
  } else {
  echo 'Blog';
  }
?></h1>
```

05 | 02 アーカイブページを作成する

サンプルサイトでは年別、日別のアーカイブへのリンクは出力していませんが、表示結果の例として以下のキャプチャを参考にしてください。

カテゴリーのアーカイブ　is_category()

タグのアーカイブ　is_tag()

日別のアーカイブ　is_day()

月別のアーカイブ　is_month()

年別のアーカイブ　is_year()

● 記事のタイトルにリンクを付ける：the_permalink()

the_title()は記事のタイトルをリンクなしで表示します。記事のタイトルから個別投稿ページにリンクするには、個別投稿ページのURLを出力するthe_permalink()を使います。記事のタイトル部分に追加します。

CODE　サンプルサイトの記事のタイトルを表示するコード（archive.php）

```
<h2 class="entry-title"><a href="<?php the_permalink(); ?>" title="<?php the_title_attribute(); ?>"><?php the_title(); ?></a></h2>
```

05 | 02 アーカイブページを作成する

記事の抜粋を表示する:the_excerpt()

アーカイブページでは、ページが長くなることを避け、個別投稿ページに誘導したいものです。ここでは、the_excerpt()を用いて、記事の抜粋を表示させることにします。the_content()でコンテンツを表示している部分をthe_excerpt()に置き換えます。

CODE サンプルサイトの記事の抜粋を表示するコード（archive.php）

```
<?php the_excerpt(); ?>
```

the_excerpt()は、投稿画面で［抜粋］に入力したものが優先的に表示され、［抜粋］に何も入力されていない場合には、本文から決められた文字数で出力されます。

抜粋表示のデフォルトの出力結果

［…］を「続きを読む」リンクに変える

抜粋の最後に付く［…］の文字列を変更するには、以下のような関数をfunctions.phpに記述します。ここでは、リンク付きの「・・・続きを読む」に変えています。

CODE 抜粋の［…］を「続きを読む」リンクに変える（functions.php）

```
function bourgeon_new_excerpt_more( $more ) {         ―❶
  return ' ・・・<a class="more" href="' . get_permalink() . '">続きを読む</a>';  ―❷
}
add_filter( 'excerpt_more', 'bourgeon_new_excerpt_more' );  ―❸
```

❶ 関数bourgeon_new_excerpt_more()を定義する。
❷ 「・・・続きを読む」リンクに置き換える。
❸ excerpt_moreでbourgeon_new_excerpt_more()が実行されるようにフィルターフックを追加する。

［…］を「続きを読む」リンクに変更したところ

101

05 | 02 アーカイブページを作成する

抜粋の文字数を変える

抜粋で出力される文字数を変えるには、次のような関数をfunctions.phpに記述します。なお、日本語の文字数を正しく数えるためには、「WP Multibyte Patch」プラグインが必要です。「WP Multibyte Patch」はWordPressのマルチバイト文字の取り扱いに関する不具合の修正と強化を行うプラグインで、WordPress日本語版にデフォルトで同梱されています。特別な理由がない限り、インストール後に有効化しておきます。「WP Multibyte Patch」を有効化すると抜粋はデフォルトで110文字まで表示されます。

▼ 抜粋の文字数を80文字に変える例

```php
function bourgeon_excerpt_length() {      ●❶
  return 80;      ●❷
}
add_filter( 'excerpt_mblength', 'bourgeon_excerpt_length' );      ●❸
```

❶ 関数bourgeon_excerpt_length()を定義する。
❷ 抜粋表示の文字数を80文字に変更する。
❸ excerpt_mblengthでbourgeon_excerpt_length()が実行されるようにフィルターフックを追加する。

> **MEMO**
>
> ここで紹介した方法の他に、WP Multibyte Patchの設定ファイルで抜粋の文字数を変更することもできます。wp-content/plugins/wp-multibyte-patchにあるwpmp-config-sample-ja.phpの名前を「wpmp-config.php」に変更し、ファイルをwp-content/wpmp-config.phpとなるように移動させます。wpmp-config.php内の「$wpmp_conf['excerpt_mblength'] = 110;」の数字を変更することで抜粋の文字数を変更できます。その他にも様々な項目を設定できます。詳しくはWP Multibyte Patchのサイトを参照してください。http://eastcoder.com/code/wp-multibyte-patch/

● 前後のページへのリンクを付ける：previous_posts_link()、next_posts_link()

前後のページへのリンクを付けるには、前のアーカイブページのリンクを表示するprevious_posts_link()、次のアーカイブページのリンクを表示するnext_posts_link()を使います。

なお、個別投稿ページのテンプレートを作成したときに使ったprevious_post_link()、next_post_link()とは異なるテンプレートタグなので注意しましょう。

CODE　サンプルサイトの前後のページへのリンクを表示するコード(archive.php)

```php
<?php
  if( $wp_query->max_num_pages > 1 ) :      ●❶
?>
        <div class="navigation">
<?php
  if ( ( ! get_query_var( 'paged' ) && 1 == $wp_query->max_num_pages ) || ( get_query_
var( 'paged' ) < $wp_query->max_num_pages ) ) :      ●❷
?>
```

05 | 02 アーカイブページを作成する

```php
                <div class="alignleft"><?php next_posts_link( '&laquo; 前へ' ); ?></div>
<?php
  endif;
  if ( get_query_var( 'paged' ) ) :
?>
                <div class="alignright"><?php previous_posts_link( '次へ &raquo;' ); ?></div>
<?php
  endif;
?>
      </div>
<?php
  endif;
?>
```
❸
❹
❺

❶ ページが複数存在するかどうかチェック
❷ 1ページ目ではなく、前のページがある場合
❸ 前のページへのリンクを出力
❹ 次のページが存在する場合
❺ 次のページへのリンクを出力

○ 完成したアーカイブページのテンプレートファイル

これまでに解説したテンプレートタグで、アーカイブページのタイトル、公開日と作成者、記事のタイトル、抜粋、カテゴリーとタグのリンク、前後のページへのリンクを出力するarchive. phpは以下の通りです。

カテゴリーのリンクについては、複数の種類のアーカイブページに対応できるよう、変更を加えています。

CODE アーカイブページ (archive.php)

```php
(略)
<?php
if ( have_posts() ) :
?>
    <header class="page-header">
      <div class="inner">
        <h1 class="page-title"><?php
  if ( is_category() ) {
  echo 'カテゴリー「' . single_cat_title( '', false ) . '」の投稿一覧';
} elseif ( is_tag() ) {
  echo 'タグ「' . single_tag_title( '', false ) . '」の投稿一覧';
} elseif ( is_day() ) {
  echo '「' . get_the_date( 'Y年n月j日' ) . '」の投稿一覧';
} elseif ( is_month() ) {
  echo '「' . get_the_date( 'Y年n月' ) . '」の投稿一覧';
} elseif ( is_year() ) {
  echo '「' . get_the_date( 'Y年' ) . '」の投稿一覧';
} elseif ( is_tax() ) {
  echo '「' . single_term_title( '', false ) . '」の一覧';
} elseif ( is_search() ) {
```

アーカイブページの
タイトル

103

05 02 アーカイブページを作成する

```php
    echo '「' . get_search_query() . '」の検索結果一覧';
  } else {
    echo 'Blog';
  }
?></h1>
```
← アーカイブページの
　タイトル

```php
      </div>
    </header>
    <div class="inner">
      <div id="content">
<?php
  while ( have_posts() ) :
    the_post();
?>
        <article id="post-<?php the_ID(); ?>" <?php post_class(); ?>>
          <header class="entry-header">
            <h2 class="entry-title"><a href="<?php the_permalink(); ?>" title="<?php the_
title_attribute(); ?>"><?php the_title(); ?></a></h2>
```
← 記事のタイトル

```php
            <div class="entry-meta">
              <span class="icon genericon-month"><?php the_time( get_option( 'date_
format' ) ); ?></span> |
              <span class="icon genericon-user"><?php the_author(); ?></span>
            <div class="entry-meta">
```
← 公開日時と作成者

```php
          </div>
        </header>
        <div class="entry-content cf">
          <div class="thumbnail">
```

（略）

```php
          </div>
          <?php the_excerpt(); ?>
```
← 抜粋

```php
        </div>
        <footer class="entry-footer">
          <div class="entry-meta">
            <span class="cat-links icon genericon-category"><?php
  $taxonomies = get_object_taxonomies( $post, 'names' );
  if ( $taxonomies ) :
    $tax_name = $taxonomies[0];
    the_terms( $post->ID, $tax_name, '', '' );
  endif;
?></span>
<?php
  if ( has_tag() ) :
?>
            <span class="tag-links"><?php the_tags( ' | <span
class="icon genericon-tag">', ', ', '</span>' ); ?></span>
<?php
  endif;
?>
```
← タグとカテゴリー
　のリンク

```php
          </div>
```

104

05 | 02 アーカイブページを作成する

```php
        </footer>
      </article>
<?php
  endwhile;
  if( $wp_query->max_num_pages > 1 ) :
?>
      <div class="navigation">
<?php
  if ( ( ! get_query_var( 'paged' ) && 1 == $wp_query->max_num_pages ) || ( get_query_
var( 'paged' ) < $wp_query->max_num_pages ) ) :
?>
        <div class="alignleft"><?php next_posts_link( '&laquo; 前へ' ); ?></div>
<?php
  endif;
  if ( get_query_var( 'paged' ) ) :
?>
        <div class="alignright"><?php previous_posts_link( '次へ &raquo;' ); ?></div>
<?php
  endif;
?>
      </div>
<?php
  endif;
?>
      </div>
<?php
endif;
?>
(略)
```

前後のページへのリンク

105

CHAPTER 05 | SECTION 03　ブログを作成する

ブログのトップページを作成する

ブログのトップページの場合も、個別投稿ページやアーカイブページと同様にWordPressループを利用し、その中でテンプレートタグを使って必要な情報を表示します。

● ブログのトップページに表示する基本要素

　ブログのトップページの作り方は、基本的にアーカイブページと同じです。WordPressループを利用し、その中でテンプレートタグを使って必要な情報を表示します。例えば、サンプルサイトのブログのトップページでは、下図のように記事のタイトル、公開日時と作成者、本文、カテゴリーとタグのリンク、前後のページへのリンクを表示しています。

サンプルサイトのブログのトップページ

05 | 03　ブログのトップページを作成する

テンプレートファイルの準備

ブログのトップページを表示するためのテンプレートファイルを作成します。ブログトップページ用HTMLファイル（home.html）の名前をhome.phpに変更し、Chapter 04の01で説明したようにWordPressループを利用し、テンプレートタグを使って記事タイトル、公開日、作成者、本文、カテゴリーやタグへのリンク、前後のページへのリンクを表示するようにしたものが以下のコードです。

CODE　トップページに記事タイトル、公開日、投稿者、本文、カテゴリーやタグへのリンク、前後のページへのリンクを表示（home.php）

```php
<?php
if ( have_posts() ) :
?>
    <header class="page-header">
      <div class="inner">
        <h1 class="page-title">Blog</h1>
      </div>
    </header>
    <div class="inner">
      <div id="content">
<?php
  while ( have_posts() ) :
    the_post();
?>
        <article id="post-<?php the_ID(); ?>" <?php post_class(); ?>>
          <header class="entry-header">
            <h2 class="entry-title"><a href="<?php the_permalink(); ?>" title="<?php the_
title_attribute(); ?>"><?php the_title(); ?></a></h2>
            <div class="entry-meta">
              <span class="icon genericon-month"><?php the_time( get_option( 'date_
format' ) ); ?></span> |
              <span class="icon genericon-user"><?php the_author(); ?></span>
            </div>
          </header>
          <div class="entry-content cf">
            <?php the_content(); ?>
          </div>
          <footer class="entry-footer">
            <div class="entry-meta">
              <span class="cat-links"><span class="genericon genericon-category"></
span><?php the_category( ', ' ); ?></span>
              <span class="tag-links"><?php the_tags( ' | <span class="genericon
genericon-tag"></span>', ', ' ); ?></span>
            </div>
          </footer>
        </article>
<?php
  endwhile;
  if( $wp_query->max_num_pages > 1 ) :
?>
```

記事のタイトル

公開日と作成者

本文

カテゴリーとタグのリンク

107

05 | 03 ブログのトップページを作成する

```
        <div class="navigation">
<?php
  if ( ( ! get_query_var( 'paged' ) && 1 == $wp_query->max_num_pages ) || ( get_query_
var( 'paged' ) < $wp_query->max_num_pages ) ) :
?>
        <div class="alignleft"><?php next_posts_link( '&laquo; 前へ' ); ?></div>
<?php
  endif;
  if ( get_query_var( 'paged' ) ) :
?>
        <div class="alignright"><?php previous_posts_link( '次へ &raquo;' ); ?></div>
<?php
  endif;
?>
        </div>
<?php
  endif;
?>
```
— 前後のページへのリンク

　前後のページへのリンクの実装方法は、アーカイブページで紹介した方法と同じです。詳しくはChapter 05の02を参照してください。

● ブログトップページの本文表示

　アーカイブページでは本文の抜粋を表示しましたが、ブログのトップページに表示する本文は、全文表示するか、「続きを読む」で好きなところで区切るかを選べるようにしてみます。記事投稿画面で本文内に「<!--more-->」を挿入すると、the_content()は自動的に「<!--more-->」の前までを出力します。

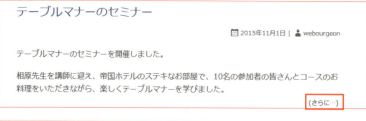

<!--more-->部分のデフォルトの出力結果。(さらに…) と表示される。

　この（さらに…）部分をカスタマイズしてみましょう。

05 | 03 ブログのトップページを作成する

（さらに…）の言葉を変える

the_content()のパラメータを使って、デフォルトで表示される（さらに…）を違う語句に置き換えることができます。

▼ （さらに…）を「続きを読む」に変更する

```
<?php the_content( '続きを読む &raquo;', true ); ?>
```

テーブルマナーのセミナー

📅 2015年11月1日 | 👤 webourgeon

テーブルマナーのセミナーを開催しました。

相原先生を講師に迎え、帝国ホテルのステキなお部屋で、10名の参加者の皆さんとコースのお料理をいただきながら、楽しくテーブルマナーを学びました。

続きを読む »

（さらに…）を「続きを読む」に変更

クリック時にページの先頭にジャンプさせる

（さらに…）のリンク先URLの末尾には「#more-ID」が追加され、クリックすると、ページ遷移して、本文の続き部分に移動します。ページの先頭にジャンプさせたい場合は、URLから「#more-ID」を削除します。そのためには、次のような関数をfunctions.phpに記述します。

CODE　　クリック時にページの先頭にジャンプさせる（functions.php）

```
function bourgeon_remove_more_link_scroll( $link ) {       ❶
  $link = preg_replace( '/#more-[0-9]+/', '', $link );     ❷
  return $link;        ❸
}
add_filter( 'the_content_more_link', 'bourgeon_remove_more_link_scroll' );     ❹
```

❶ 関数bourgeon_remove_more_link_scroll()を定義する。
❷ 正規表現で「#more-数字（id）」を空白に置き換える。
❸ $linkの値を返す。
❹ the_content_more_linkでbourgeon_remove_more_link_scroll()が実行されるようにフィルターフックを追加する。

CSSでデザインをカスタマイズする

（さらに…）部分には、デフォルトでclass「more-link」が追加されます。このclassを使ってデザインをカスタマイズできます。

CODE　　（さらに…）部分のデザインカスタマイズの例（style.cssに記述）

```
.more-link {
  display: block;
  padding: 3px;
  float: right;
  background: #83a6c8;
```

05 | 03 ブログのトップページを作成する

```
  font-size: 0.8em;
  color: #ffffff;
  -moz-border-radius: 5px;
  -webkit-border-radius: 5px;
  border-radius: 5px;
}
.more-link:hover {
  background: #96c0e9;
  color: #ffffff;
}
```

class「.more-link」を利用してデザインをカスタマイズ

このようにWordPressによって出力されるclassを利用すると、効率よくデザインできます。HTMLコーディングの時点で反映させておくように心がけておくと、CSSの無駄な修正を減らすことができます。

○ ここまでで作成したブログトップページのテンプレートファイル

これまでに解説したテンプレートタグで、記事タイトル、公開日、作成者、本文（続きを読む）、カテゴリーとタグへのリンク、前後のページへのリンクを置き換えたhome.phpは以下の通りです。

CODE トップページ（home.php）

```php
（略）
<?php
if ( have_posts() ) :
?>
    <header class="page-header">
      <div class="inner">
        <h1 class="page-title">Blog</h1>
      </div>
    </header>
    <div class="inner">
      <div id="content">
<?php
  while ( have_posts() ) :
    the_post();
```

05 | 03　ブログのトップページを作成する

```php
?>
        <article id="post-<?php the_ID(); ?>" <?php post_class(); ?>>
          <header class="entry-header">
            <h2 class="entry-title"><a href="<?php the_permalink(); ?>" title="<?php the_
title_attribute(); ?>"><?php the_title(); ?></a></h2>
              <div class="entry-meta">
                <span class="icon genericon-month"><?php the_time( get_option( 'date_
format' ) ); ?></span> |
                <span class="icon genericon-user"><?php the_author(); ?></span>
              </div>
          </header>
          <div class="entry-content cf">
            <?php the_content( '続きを読む &raquo;', true ); ?>            ──続きを読む
          </div>
          <footer class="entry-footer">
            <div class="entry-meta">
              <span class="cat-links"><span class="genericon genericon-category"></
span><?php the_category( ', ' ); ?></span>
              <span class="tag-links"><?php the_tags( ' | <span class="genericon
genericon-tag"></span>', ', ' ); ?></span>
            </div>
          </footer>
        </article>
<?php
  endwhile;
  if( $wp_query->max_num_pages > 1 ) :
?>
        <div class="navigation">
<?php
  if ( ( ! get_query_var( 'paged' ) && 1 == $wp_query->max_num_pages ) || ( get_query_
var( 'paged' ) < $wp_query->max_num_pages ) ) :
?>
          <div class="alignleft"><?php next_posts_link( '&laquo; 前へ' ); ?></div>
<?php
  endif;
  if ( get_query_var( 'paged' ) ) :
?>
          <div class="alignright"><?php previous_posts_link( '次へ &raquo;' ); ?></div>
<?php
  endif;
?>
        </div>
<?php
  endif;
?>
      </div>
<?php
endif;
?>
（略）
```

CHAPTER 05 / SECTION 04

ブログを作成する

複数のブログを作成できるマルチサイトを理解する

WordPressには「マルチサイト」という機能があり、1つのWordPressで複数のサイトを運用することができます。サンプルサイトでは使っていませんが、ここでは複数のブログを作成できるマルチサイトの設定方法とカスタマイズ方法を説明します。

● マルチサイトとは

WordPressには「マルチサイト」という機能があり、1つのWordPressで複数のサイトを運用することができます。作成した複数のサイトは、ネットワーク管理と呼ばれる、1つの管理画面で管理することができます。また、1つのデータベースにすべてのサイトの情報が保存されます。

サンプルサイトでは使用しませんが、「複数のユーザーがそれぞれ独立したブログを持ち、ユーザーごとに管理をさせたい。ただし、管理者が一元管理し、中心となる機能は共通で使いたい」といった使い方も可能ですので、使い方を覚えておくとよいでしょう。

マルチサイトに関する用語は少しわかりにくいのですが、ここでは以下のように定義して解説します。

- 「親サイト」………… WordPressをインストールした際に作成される削除不可能なサイト
- 「子サイト」………… マルチサイト化した後に作成されるサイト
- 「ネットワーク」…… マルチサイト化されたWordPress全体

次の2つの図は通常の複数WordPress設置の場合とマルチサイトを比較したものです。

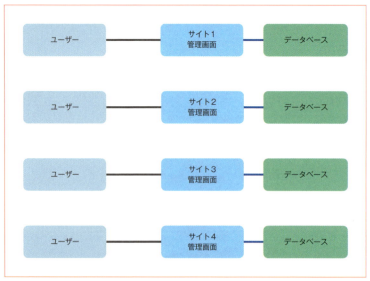

通常の複数WordPress設置のイメージ

05 | 04　複数のブログを作成できるマルチサイトを理解する

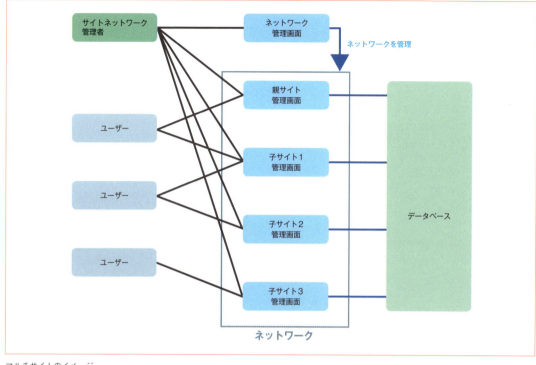

マルチサイトのイメージ

サブドメイン型とサブディレクトリ型

マルチサイトを作成する方法として、サブドメイン型とサブディレクトリ型の2種類があります。それぞれ、必要となるサーバーやWordPressの条件があるので注意してください。

	サブドメイン型	サブディレクトリ型
構成	site1.example.comやsite2.example.comのような構成	example.com/site1やexample.com/site2のような構成
サーバー条件	DNSレコードにワイルドカードサブドメインを追加できること。共有サーバーでは対応していないこともあるので事前に要確認	.htaccessファイルを使え、mod_rewrite機能を使用できること（パーマリンクをデフォルト以外で使用できること）。
WordPressの条件	下記状態では使用できないことがある ・[WordPressのアドレス（URL）]に「:80」「:443」以外のポート番号が付いている場合[※] ・WordPressがドキュメントルートにない場合 ・[WordPressのアドレス（URL）]が「localhost」の場合[※] ・[WordPressのアドレス（URL）]が「127.0.0.1」などのIPアドレスである場合[※]	下記状態では使用できないことがある ・WordPressを設置してから1ヶ月以上経っている場合。既にある固定ページなどのスラッグとの重複を避けるために1ヶ月以上経つとマルチサイトに変更することができなくなる

※あまり一般的な状態ではないが、ローカル環境やテスト環境などでこの状態に当てはまることがある。

　ここでは、どの環境でも比較的導入しやすいサブディレクトリ型のマルチサイトを作ってみましょう。

05 | 04 複数のブログを作成できるマルチサイトを理解する

◯ マルチサイトを作成する

1 wp-config.php にマルチサイトの定義を記述する

wp-config.php に以下のコードを「/* 編集が必要〜」というコメントよりも上に記述します。

▼マルチサイト機能を有効にする（wp-config.php）
```
define( 'WP_ALLOW_MULTISITE', true );
/* 編集が必要なのはここまでです ! WordPress でブログをお楽しみください。 */
```

すると、管理画面の［ツール］メニューに［ネットワークの設置］という項目が追加されます。

［ツール］メニューに［ネットワークの設置］という項目が追加される。

2 ネットワークを作成する

［ネットワークの設置］を開き、ネットワークを作成します。［ネットワーク内サイトのアドレス］では、サブドメイン型かサブディレクトリ型かを選択します。この設定は後で変えることはできません。

［ネットワーク詳細］の［サイトネットワーク名］と［サイトネットワーク管理者のメールアドレス］は自動的に挿入されるので、必要に応じて編集します。設定したら［インストール］ボタンをクリックします。

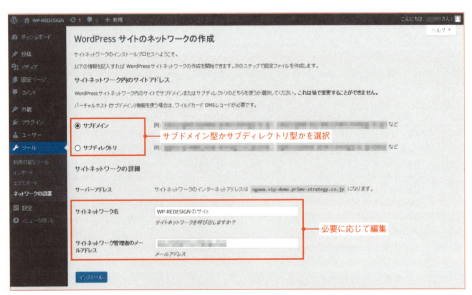

サブドメイン型かサブディレクトリ型かを選び、必要に応じてタイトルとメールアドレスを編集する。

114

05 | 04 複数のブログを作成できるマルチサイトを理解する

続いて表示される画面の指示に従い、表示されたコードをwp-config.phpと.htaccessに追加します。wp-config.php用のコードは、「/* 編集が必要～」というコメントよりも上に追加します。ここまでの作業が終わったら再ログインします。

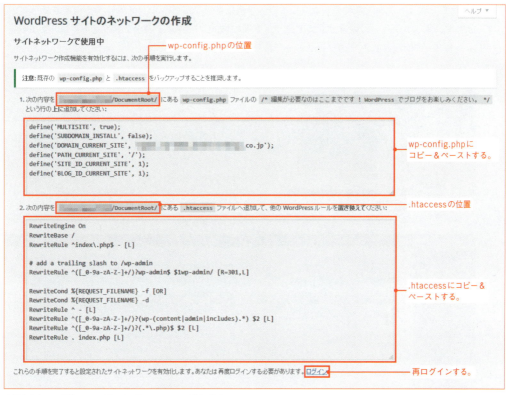

表示されたコードをwp-config.phpと.htaccessに追加する。

3 ネットワークが作成されているか確認する

再ログインし、管理画面のメニューやツールバーに「参加サイト」というメニューが追加されていれば、ネットワークの作成は完了です。

管理画面のメニューやツールバーにマルチサイトのメニューが追加される。

115

05 | 04 複数のブログを作成できるマルチサイトを理解する

⬤ マルチサイト全体の設定をする

1 ネットワーク管理画面にアクセスする

「サイトネットワーク管理者」はネットワーク内にある全てのブログを管理する権限を持っています。ネットワークの管理画面にアクセスするには、ツールバーの［参加サイト］＞［サイトネットワーク管理者］＞［ダッシュボード］を選びます。

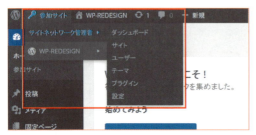

ネットワーク管理画面にはツールバーからアクセスする。

ネットワーク管理画面

2 ネットワーク全体の設定をする

ネットワーク管理画面の［設定］＞［ネットワークの設定］でネットワーク全体に関する設定をします。

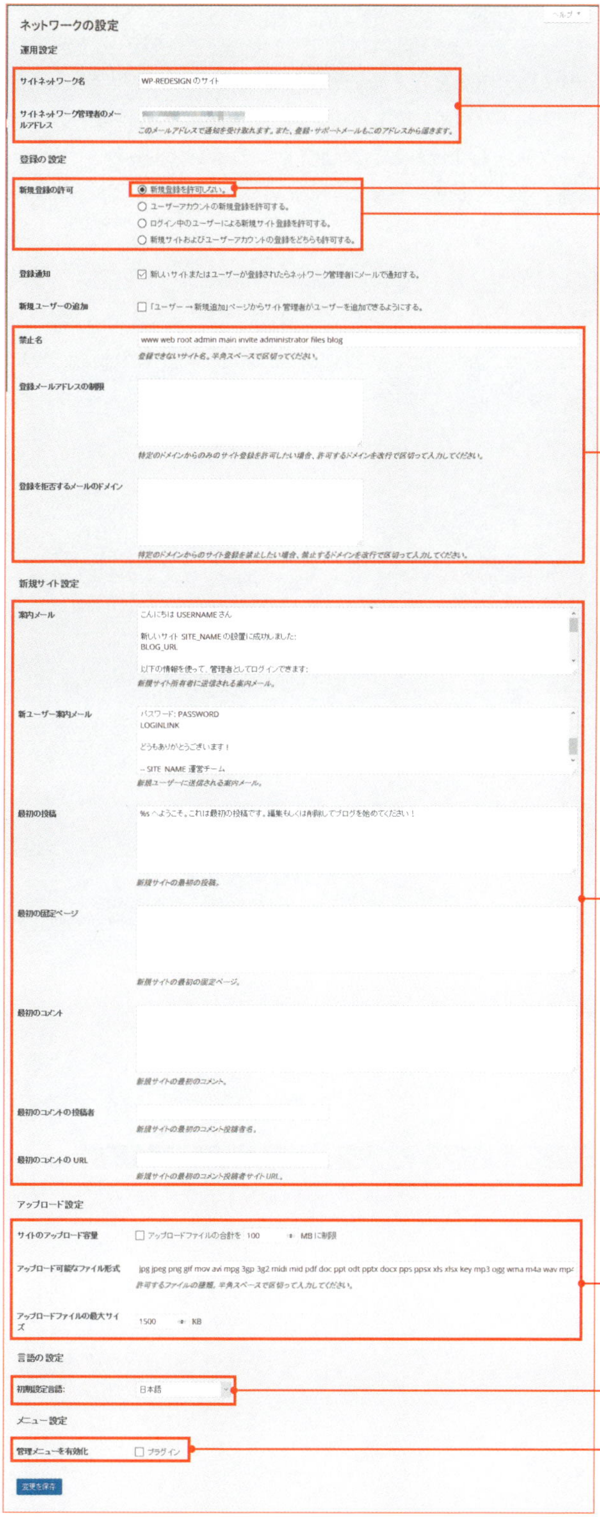

05 | 04 複数のブログを作成できるマルチサイトを理解する

ネットワーク名や管理者メールアドレスの設定

新規サイトの登録に許可が必要かを設定

新規サイトの禁止するサイト名や登録メールアドレスの制限、登録を拒否するメールのドメインを設定する。

新規サイトの設定。
「最初の投稿」、「最初のコメント」などの項目では、はじめに見本として入っている記事やコメントを設定しておくことができる。

画像のアップロードについて設定。サイトのアップロード容量やアップロードできるファイルの最大サイズをサーバーに適したものにしておく。

新規サイトのデフォルトの言語設定を決めておくことができる。

管理画面のメニューにプラグインの項目表示させるかどうか

新規サイトを作成する際の各種条件を設定する。

117

05 | 04　複数のブログを作成できるマルチサイトを理解する

3　プラグインを設定する

　ネットワーク内の各サイトでのプラグインの使用方法を管理することができます。
　ネットワーク管理画面の［設定］＞［ネットワークの設定］にある［メニュー設定］の［管理メニューを有効化］で［プラグイン］にチェックを入れなければ、プラグインのインストール、有効化、停止をネットワーク管理者が一括管理することができます。

● ネットワーク管理者がプラグインの
　 有効化・停止、インストールを一括管理する

[プラグインメニュー設定画面]

「管理メニューを有効化」の「プラグイン」にチェックをいれない場合

[ネットワーク管理画面のプラグイン一覧]

ネットワーク管理画面のプラグインメニューからマルチサイト内で利用するプラグインの有効化・停止を一元管理

各サイトにはプラグインのメニューがなく、自由に変更することができない。

118

05 04 複数のブログを作成できるマルチサイトを理解する

4 テーマを設定する

　マルチサイトを作成した直後は、各サイトが有効化できるテーマは1種類だけとなっています。ネットワーク管理画面の［テーマ］で他のテーマを有効化すると、ネットワーク内の各サイトの管理画面の［外観］メニューのテーマリストにネットワークで有効化されたテーマが追加され、有効化できるようになります。

マルチサイトを作成した直後は、各サイトで有効化できるテーマは1種類だけ

ネットワーク管理画面のテーマで、テーマをネットワーク有効化する。

各サイトで有効化されたテーマが選択できるようになる。

05 | 04 | 複数のブログを作成できるマルチサイトを理解する

● 各ブログでプラグインの有効化・停止を許可する

メニュー設定

「管理メニューを有効化」の「プラグイン」にチェックをいれた場合

各サイトでは、プラグインの有効化・無効化はできるが、新規追加はできない

各サイトでは有効化・停止・設定はできるがプラグインの追加はできない。

● 子サイトを作成する（ネットワークにサイトを追加する）

マルチサイト全体の設定が終わったら、ネットワークに新しいサイトを追加します。

1 ネットワーク管理画面から新しいサイトを追加する

ネットワーク管理画面の［サイト］＞［新規追加］を開き、追加するサイトの［サイトのアドレス］［サイトのタイトル］［管理者メールアドレス］を入力して、［サイトを追加］ボタンをクリックします。

入力した管理者メールアドレスがデータベースに存在しなければ、新規ユーザーが作成され、ユーザー名とパスワードが送信されます。

05 | 04 複数のブログを作成できるマルチサイトを理解する

追加するサイトのアドレスとタイトル、管理者メールアドレスを入力する。

2 サイトの設定を変更する

ネットワーク管理画面の［サイト］＞［すべてのサイト］でサイトの一覧を確認できます。各サイトにマウスオーバーしたときに表示されるメニューの［編集］をクリックするとサイトの設定画面が開き、サイトの情報、ユーザー、テーマ、設定を編集できます。

ネットワーク管理画面の［サイト］＞［すべてのサイト］でサイトの一覧を確認できる。

121

05　04　複数のブログを作成できるマルチサイトを理解する

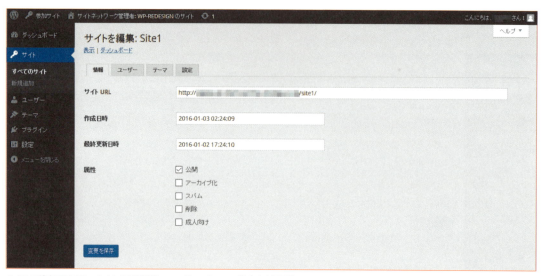

サイトの設定画面では、サイトの各種情報、ユーザー、テーマ、設定を変更可能

●サイトネットワーク管理者とユーザー

　サイトネットワーク管理者は、管理画面から全ての参加サイトにアクセスすることができます。特定のサイト専用に作られたユーザーは、ユーザー登録しない限り、他のサイトにログインすることはできません。

●他のサイトの情報を表示する

　マルチサイトでは、ネットワーク内の他のサイトの情報を取得して表示することができます。ネットワーク内の他のサイトの記事を表示したい場合は、switch_to_blog()という関数を使います。

▼他のサイトの情報を取得して表示する

```
<?php switch_to_blog( 3 ); ?>      ❶
    表示する内容                    ❷
<?php restore_current_blog(); ?>   ❸
```

❶ switch_to_blog()の引数として他のサイトのIDを指定する。
❷ 表示する内容のコードを記述する。
❸ restore_current_blog()で元のサイトに戻る。

> **MEMO**
> サイトのIDを確認する方法は、カテゴリーIDなどと同じです。ネットワーク管理画面の[サイト] >
> [すべてのサイト]のサイト一覧画面で、サイト名にマウスオーバーしたときにブラウザに表示される
> URLや、サイトの編集画面のアドレスを確認します。「http://example.com/wp-admin/network/
> site-info.php?id=3」の末尾に表示される「id=○」の数字部分がサイトのIDです。

05 04 複数のブログを作成できるマルチサイトを理解する

◯ マルチサイトの情報が取得できる wp_get_sites()

wp_get_sites()は、マルチサイトの情報が取得できる関数です。
サイトのID、ドメイン、サイトのパス、登録日、最終更新日などを取得することができます。
ネットワーク上のブログのIDを取得して表示するには以下のように記述します。

```php
<?php
$sites = wp_get_sites();            ❶
foreach ( $sites as $site ) {       ❷
  echo $site['blog_id'];            ❸
}
?>
```

❶ ネットワークのサイトの情報を取得
❷ ループして
❸ ID を表示

これを応用して、switch_to_blog()との組み合わせでネットワーク上の各サイトの新着5件
を表示する例を説明します。

```php
<h2>サイトの新着情報</h2>
<?php
$my_blogs = wp_get_sites();              ❶
foreach ( $my_blogs as $blog ) :         ❷
  switch_to_blog( $blog['blog_id'] );    ❸
?>
  <h3><?php bloginfo( 'name' ); ?></h3>   ❹
<?php
  $args = array( 'posts_per_page' => 5 );  ❺
  $the_query = new WP_Query( $args );      ❻
  if ( $the_query->have_posts() ) :
    while ( $the_query->have_posts() ) :
      $the_query->the_post();
?>
  <div>
    <h4><a href="<?php the_permalink(); ?>"><?php the_title(); ?></a></h4>
    <?php the_content(); ?>
  </div>
<?php
    endwhile;
  endif;
  wp_reset_postdata();
  restore_current_blog();                ❼
endforeach;
?>
```

❶ ネットワーク上のサイトの情報を取得
❷ ループ開始
❸ 取得したIDのサイトに変更する。
❹ 変更したサイト名を表示
❺ 新着情報5件取得
❻ 記事のタイトルとリンク、本文を表示する。
❼ 変更したサイトを元のサイトに戻す。

123

CHAPTER **06** | SECTION **01**

画像の管理と活用方法

画像の管理について

画像のアップロード方法、アップロードした画像の管理や編集方法について説明します。

● 画像をアップロードする

画像をアップロードするには大きく3つの方法があります。ここで重要なのは、記事とアップロードした画像の関係です。投稿画面からアップロードするなどして記事に紐付けられた画像は、情報を取得したり、利用できるようになります。

▼ 画像をアップロードする方法

	投稿画面	[メディア] メニュー	FTP
アップロード方法	投稿画面の［メディアを追加］ボタンからアップロード	管理画面の［メディア］＞［新規追加］からアップロード	FTPソフトでアップロード
アップロード場所	wp-content/uploads	wp-content/uploads	任意の場所
記事と画像の紐付け	○	△（投稿画面で記事に挿入した時点で紐付けられる）	×
画面サイズの生成	○	○	×

> **MEMO**
>
> メディアとしてアップロードできるのは画像だけではなく、動画・音声・その他のファイルなどもアップロードすることができ、それら全てを「メディア」と呼びます。

メディアのアップロード先

アップロードされたメディアは、デフォルトでは「wp-content/uploads」に、年月別のフォルダに整理して格納されます。年月別のフォルダで管理しない場合には、管理画面の［設定］＞［メディア］で［ファイルアップロード］の［アップロードしたファイルを年月ベースのフォルダに整理］のチェックを外します。

06 | 01 画像の管理について

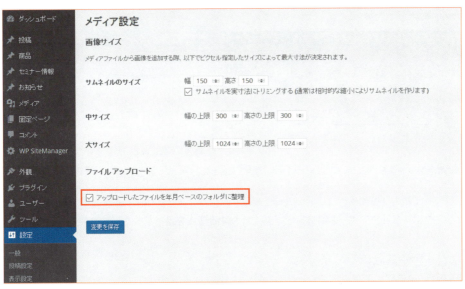

年月別のフォルダで管理しない場合はチェックを外す。

「wp-content/uploads」以外の場所にアップロードしたい場合は、wp-config.phpに次のように記述します。次の例では、「wp-content/media」にファイルの保存場所を変更しています。

▼画像のアップロード先を変更する例(wp-config.phpに記述)

```
define( 'UPLOADS', 'wp-content/media' );
```

●メディアライブラリでの画像管理

アップロードした画像はメディアライブラリで管理され、管理画面の[メディア]>[ライブラリ]から、アップロードした画像の一覧を確認することができます。

WordPress4.0から、メディアライブラリでの一覧表示が、グリッド・リストの2種類を選択できるようになりました。

グリッドとリストの2種類を選択できる。

125

06 | 01　画像の管理について

グリッド表示された画像をクリックすると「添付ファイルの詳細」画面が表示される。

　添付ファイルの詳細画面の「さらに詳細を編集」リンク、またはリスト表示の「編集」リンクをクリックすると「メディアを編集」でメディアの付随情報を編集することができます。

画像のタイトル、キャプション、代替テキスト、説明を編集できる。

　さらに「画像を編集」で画像の回転やトリミングなどの簡単な画像編集をすることができます。

126

06 | 01 画像の管理について

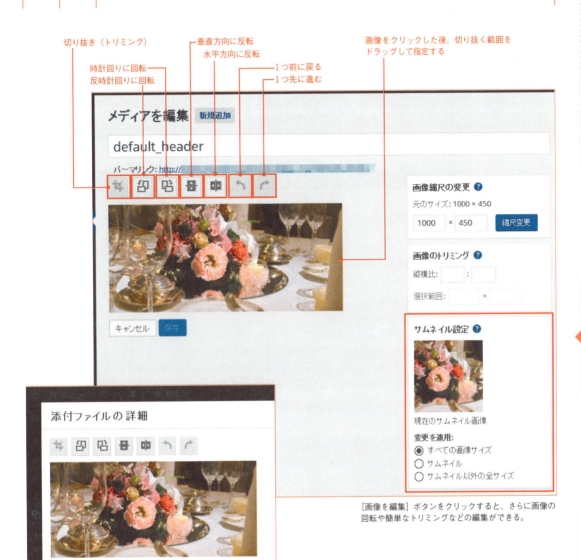

[画像を編集] ボタンをクリックすると、さらに画像の回転や簡単なトリミングなどの編集ができる。

○ メディアの投稿タイプとリンク先

［メディア］にアップロードされた画像の情報は「attachment」という投稿タイプとなります。メディアの挿入時、[添付ファイルの表示設定] でリンク先に [メディアファイル] を選択すると、画像をクリックした際に表示されるのは画像ファイルとなりますが、[添付ファイルのページ] を選択した場合は、添付ファイル表示のテンプレートで表示されます。

06 | 01　画像の管理について

画像挿入時のリンク先設定の違いによる画像表示方法の違い

● 自動生成される画像サイズ

　WordPressでは画像をアップロード時に、オリジナルの画像サイズ以外に「サムネイル」「中サイズ」「大サイズ」の最大3種類のサイズの画像が生成されます。デフォルトでは、サムネイルが150×150px、中サイズが300×300px、大サイズが1024×1024pxです。このサイズは、管理画面の［設定］＞［メディア］で変更できます。ただし、この数字を変えても、既にアップロードした画像のサイズは変わりません。

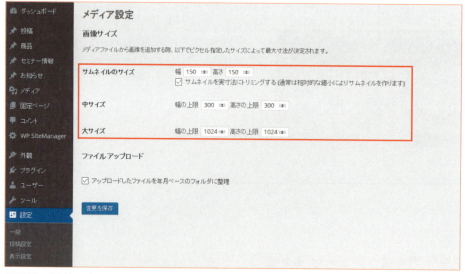

管理画面の［設定］＞［メディア］で、自動生成される画像のサイズを変更できる。

　画像の編集内容が、サムネイルなどの他のサイズの画像にも適用されるかどうかは、［サムネイル設定］で指定します。指定した範囲の画像に対して、トリミングの結果が反映され、新しい画像が自動生成されます。

CHAPTER	SECTION	画像の管理と活用方法
06	**02**	# アイキャッチ画像を活用して サムネイル画像を表示する

アイキャッチ画像の設定や表示方法、活用方法について説明します。

「アイキャッチ画像」とは、記事内に挿入される画像とは別に記事に紐付けられた画像のことで、記事のヘッダー画像やサムネイル画像などとして利用することができます。サンプルサイトを例に説明していきます。

● アイキャッチ画像を使えるようにする

WordPressはデフォルトの状態ではアイキャッチ画像を使用することができません。

アイキャッチ画像を有効にするには、functions.phpにテーマに特定機能を有効化するための関数add_theme_support()を記述し、パラメータにアイキャッチ画像を示す「post-thumbnails」を指定します。

CODE　アイキャッチ画像を使えるようにする (functions.php)

```
（略）

//=================================================================
// 1. Theme set up
//=================================================================
if ( ! function_exists( 'bourgeon_setup' ) ) {        ❶
  function bourgeon_setup() {        ❷

（略）

    // アイキャッチを使用できるようにします。
    add_theme_support( 'post-thumbnails' );        ❸

（略）

  }
}
add_action( 'after_setup_theme', 'bourgeon_setup' );        ❹

（略）
```

❶ bourgeon_setup()がない場合にbourgeon_setup()を読み込む。このようにしておくと、子テーマでbourgeon_setup()を定義すれば上書きすることができる。
❷ bourgeon_setup()を定義する。
❸ アイキャッチ画像をサポートする。
❹ after_setup_themeでbourgeon_setup()が実行されるようにアクションフックを追加する。アクションフックについては、P147のMEMOを参照してください。

129

06 | 02　アイキャッチ画像を活用してサムネイル画像を表示する

　前記のように記述すると、投稿画面に［アイキャッチ画像］設定欄が表示されます。表示されない場合は、画面上部の［表示オプション］で［アイキャッチ画像］にチェックが入っているか確認しましょう。

アイキャッチ画像をサポートすると、投稿画面に
［アイキャッチ画像］設定欄が表示される

［アイキャッチ画像］にチェックが入っているかどうか確認する

● アイキャッチ画像を特定の投稿タイプのみで使えるようにする

　functions.phpにadd_theme_support()を記述しパラメータを指定することでアイキャッチ画像を特定の投稿タイプのみで使えるようにすることもできます。主なパラメータの指定方法は次の通りです。

▼アイキャッチ画像を全ての投稿タイプで使えるようにする
```
add_theme_support( 'post-thumbnails' );
```

▼アイキャッチ画像を投稿のみで使えるようにする
```
add_theme_support( 'post-thumbnails', array( 'post' ) );
```

▼アイキャッチ画像を固定ページのみで使えるようにする
```
add_theme_support( 'post-thumbnails', array( 'page' ) );
```

▼アイキャッチ画像を投稿とカスタム投稿タイプ「movie」で使えるようにする
```
add_theme_support( 'post-thumbnails', array( 'post', 'movie' ) );
```

06 | 02　アイキャッチ画像を活用してサムネイル画像を表示する

●アイキャッチ画像を表示する：the_post_thumbnail()

　functions.phpで定義しただけでは、アイキャッチ画像を表示することはできません。表示したいページのテンプレートファイルの該当位置に次のコードを記述します。

▼アイキャッチ画像を表示する
```
<?php the_post_thumbnail(); ?>
```

　投稿画面で［アイキャッチ画像］設定欄の［アイキャッチ画像を設定］をクリックし、メディアライブラリの中から画像を選択するか、新しくアップロードをすると、「the_post_thumbnail()」を記述したところにアイキャッチ画像が表示されます。アイキャッチ画像のCSSの設定についてはChapter 06の04で解説します。

［アイキャッチ画像を設定］をクリックしてアイキャッチ画像を選択する

アーカイブページにアイキャッチ画像を表示させた例

▍アイキャッチ画像がないときには代替画像を表示する

　アイキャッチ画像を設定していない記事でも、見た目を統一するために、アイキャッチ画像部分に代替画像を表示させておきたいものです。次の例では、アイキャッチ画像が設定されているかどうかを調べ、アイキャッチ画像が設定されているときにはアイキャッチ画像を、ないときには特定の画像が表示されるように、archive.phpに記述しています。

06 | 02 アイキャッチ画像を活用してサムネイル画像を表示する

CODE　アイキャッチ画像が設定されていない場合は代替画像を表示する（archive.php）

```
（略）

<?php
    if ( has_post_thumbnail() ) :          ❶
      the_post_thumbnail();                ❷
    else :
?>
              <img src="<?php echo get_template_directory_uri(); ?>/images/no-image.png"
alt="noimage">          ❸
<?php
    endif;
?>

（略）
```

❶ has_post_thumbnail()でアイキャッチ画像があるかどうかを調べる。
❷ アイキャッチ画像があるときはアイキャッチ画像を表示する。
❸ なければ代替画像を表示する。

アイキャッチ画像のサイズを指定する

アイキャッチ画像は、［メディアライブラリ］にアップロードした画像と同じように、サムネイル、中サイズ、大サイズの画像が自動生成されます。

任意のサイズで自動生成させる

アイキャッチ画像は、サムネイル、中サイズ、大サイズ以外にも、任意のサイズで自動生成することができます。functions.phpにset_post_thumbnail_size()関数でサイズを指定すると、指定したサイズのアイキャッチ画像が自動生成されます。

CODE　アイキャッチ画像を任意のサイズで自動生成する（functions.php）

```
（略）

// アイキャッチを使用できるようにします。
add_theme_support( 'post-thumbnails' );

// アイキャッチ画像のサイズを設定します
set_post_thumbnail_size( 200, 200, true );

（略）
```

サイズを指定して表示する

アイキャッチ画像はデフォルトではフルサイズ、またはset_post_thumbnail_size()で指定したサイズで表示されますが、the_post_thumbnail()のパラメータを使えば、表示サイズを指定できます。主なパラメータの指定方法は次の通りです。

06 | 02 　アイキャッチ画像を活用してサムネイル画像を表示する

▼アイキャッチ画像のサイズをフルサイズ、またはset_post_thumbnail_size()で指定したサイズにする
```
the_post_thumbnail();
```

▼アイキャッチ画像のサイズをサムネイルサイズにする
```
the_post_thumbnail( 'thumbnail' );
```

▼アイキャッチ画像のサイズを中サイズにする
```
the_post_thumbnail( 'medium' );
```

▼アイキャッチ画像のサイズを大サイズにする
```
the_post_thumbnail( 'large' );
```

▼アイキャッチ画像のサイズをフルサイズにする
```
the_post_thumbnail( 'full' );
```

▼アイキャッチ画像のサイズを自動生成されていない任意のサイズにする
```
the_post_thumbnail( array( 100, 100 ) );
```

○自動生成される画像サイズを複数追加し、アイキャッチ画像の大きさを出し分ける

　set_post_thumbnail_size()で指定できるサイズは1つだけです。自動生成される画像サイズをさらに追加したい場合は、functions.phpにadd_image_size()を記述し、パラメータで画像のサイズの名前とサイズを登録します。

　なお、add_image_size()の設定内容は、アイキャッチ画像のみでなく、アップロードする画像全体に適用されます（Chapter 06の01の「自動生成される画像サイズ」を参照）。

CODE　　　　自動生成される画像サイズを複数追加する（functions.php）

```
（略）

// アップロードした画像のサムネイルのサイズを設定します
add_image_size( 'medium_thumbnail',240, 240, true );
add_image_size( 'large_thumbnail',320, 320, true );

（略）
```

　追加した画像サイズをthe_post_thumbnail()のパラメータに設定すれば、アイキャッチ画像の大きさを指定することができます。例えば、個別記事にsmall-featureのサイズ、トップページにtop-thumbnailのサイズのアイキャッチ画像を表示するという使い方ができます。

▼個別記事にsmall-featureのサイズを表示するため、single.phpの任意の場所に記述する
```
<?php the_post_thumbnail( 'small-feature' ); ?>
```

▼トップページにtop-thumbnailのサイズを表示するため、front-page.phpの任意の場所に記述する
```
<?php the_post_thumbnail( 'top-thumbnail' ); ?>
```

CHAPTER **06** | SECTION **03**

画像の管理と活用方法

カスタムヘッダー画像を表示する

管理画面から自由に設定できるカスタムヘッダー、その設定方法と表示方法を説明します。

記事に挿入される画像やアイキャッチ画像は、特定の記事に紐付けられています。そのような画像とは別に、管理画面から自由にアップロードでき、主にヘッダー画像として表示できる仕組みを「カスタムヘッダー」と呼びます。

● カスタムヘッダーを使えるようにする

デフォルトのWordPressでは、カスタムヘッダーを使えるようになってはいないため、アイキャッチ画像と同じようにfunctions.phpに、テーマに特定機能を有効化するための関数add_theme_support()を記述し、パラメータにカスタムヘッダーを示す「custom-header」および、幅や高さなどの値を指定します。

CODE カスタムヘッダーを定義する (functions.php)

```
(略)

if ( ! function_exists( 'bourgeon_setup' ) ) {        ❶
  function bourgeon_setup() {

(略)

    // カスタムヘッダー
    $custom_header_support = array(                    ❷
      'width'             => 1000,                     ❸
      'height'            => 450,                      ❹
      'header-text'       => false,                    ❺
      'default-image'     => get_template_directory_uri() . '/images/default_header.
jpg',                                                  ❻
      'admin-head-callback' => 'bourgeon_admin_header_style',    ❼
    );
    add_theme_support( 'custom-header', $custom_header_support );   ❽
  }
}
add_action( 'after_setup_theme', 'bourgeon_setup' );   ❾

function bourgeon_admin_header_style() {               ❿
?>
  <style type="text/css">
    #headimg {
      max-width: <?php echo get_custom_header()->width; ?>px;
      height: <?php echo get_custom_header()->height; ?>px;
```

06 | 03 カスタムヘッダー画像を表示する

```
    }
  </style>
<?php
}

(略)
```

❶ bourgeon_setup()がない場合にbourgeon_setup()を読み込む。このようにしておくと、子テーマでbourgeon_setup()を定義すれば上書きすることができる。
❷ カスタムヘッダーの設定を配列に格納する。
❸ カスタムヘッダー画像の幅を設定する。
❹ カスタムヘッダー画像の高さを設定する。
❺ 文字色のカスタマイズ機能を使うかどうかを指定する。
❻ デフォルトで設定される画像を指定する。
❼ 管理画面でヘッダープレビューをスタイリングするためのコールバックを指定する。
❽ カスタムヘッダーを有効化する。その際の設定内容が、❹〜❽ となる。
❾ after_setup_theme で bourgeon_setup()が実行されるようにアクションフックを追加する。
❿ bourgeon_admin_header_style()でヘッダープレビューのCSSを追加する。

カスタムヘッダーで設定できる内容とデフォルト値は以下の通りです。

▼カスタムヘッダーで設定できる内容とデフォルト値

設定内容	説明とデフォルト値
default-image	デフォルトの画像。デフォルトは空（なし）
random-default	画像をランダムに表示するかどうか。デフォルトは「false」
width	カスタムヘッダー画像の幅。デフォルトは「0」
height	カスタムヘッダー画像の高さ。デフォルトは「0」
flex-width	幅を自由に決定できるかどうか。デフォルトは「false」
flex-height	高さを自由に決定できるかどうか。デフォルトは「false」
default-text-color	デフォルトのヘッダーテキストカラー。デフォルトは空（なし）
header-text	ヘッダーテキストを表示するかどうか。デフォルトは「true」
uploads	アップロードできるようにするかどうか。デフォルトは「true」
wp-head-callback	ヘッダーをスタイリングするためのコールバック。デフォルトは空（なし）
admin-head-callback	管理画面でヘッダーのプレビューをスタイリングするためのコールバック。デフォルトは空（なし）
admin-preview-callback	管理画面でヘッダーのプレビューを表示するためのコールバック。デフォルトは空（なし）

以上のコードを記述すると、管理画面の［外観］にカスタムヘッダーの設定画面とメニューが追加されます。

カスタムヘッダーの設定画面

06 | 03 カスタムヘッダー画像を表示する

●カスタムヘッダーを表示する

カスタムヘッダーを表示するための関数get_custom_header()を使い、設定したカスタムヘッダーを表示させます。

以下は条件分岐タグを使ってトップページだけにカスタムヘッダーを表示する例です。

CODE　カスタムヘッダーを表示する（header.php）

```
（略）

<?php
if ( is_front_page() ) :
?>
  <div id="header-image">
    <div class="inner">
      <img src="<?php header_image(); ?>" height="<?php echo esc_attr( get_custom_header()->height ); ?>" width="<?php echo esc_attr( get_custom_header()->width ); ?>" alt="">
    </div>
  </div>
<?php
endif;
?>
```

❶ カスタムヘッダー画像のURLを表示する。
❷ カスタムヘッダーの情報から画像の高さを取得する。
❸ カスタムヘッダーの情報から画像の幅を取得する。

デフォルト画像以外の画像にする際はカスタムヘッダーの設定画面の［ファイルを選択］から画像をアップロードするか、［画像の選択］でメディアライブラリから画像を選択します。カスタムヘッダーの画像もトリミングをすることができます。

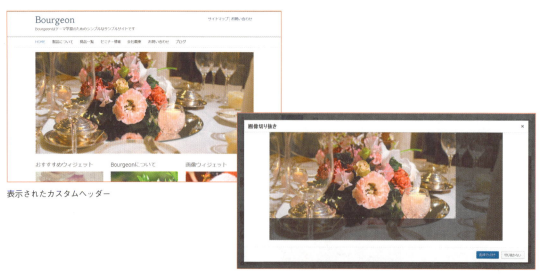

表示されたカスタムヘッダー

カスタムヘッダーの設定画面では、画像をトリミングすることもできる。

136

CHAPTER 06　SECTION 04

画像の管理と活用方法

画像に関してあらかじめ指定しておくべきCSS

あらかじめWordPressが画像に追加するclassを理解し、設定に応じたCSSが適用されるようにしましょう。

WordPressは記事を表示するときに色々なclassを追加します。画像に関しても同様です。適切にCSSを設定し、表示崩れなどが起こらないようにしましょう。

◉ 画像配置に関するCSS

挿入された画像のHTMLを見ると、いくつかのclassが追加されています。その中で押さえておきたいのが、画像の挿入時に選択する［配置］に従って追加されるclassです。その関係は以下の通りです。

▼挿入された画像のHTML出力例

```
<img class="size-full wp-image-906 aligncenter" width="600" height="300" src="example.jpg" alt="sample" title="sample">
```

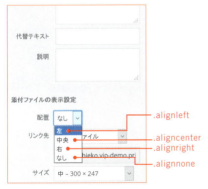

画像挿入時の「配置」と追加されるclassの関係

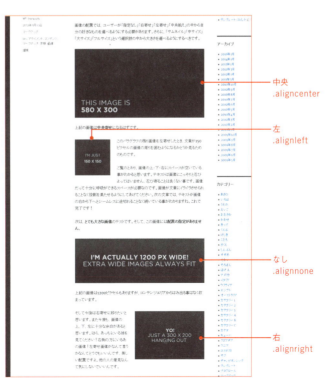

Twenty Sixteenでの画像表示の例

137

06 | 04　画像に関してあらかじめ指定しておくべきCSS

● キャプションに関するCSS

キャプションを設定した画像の場合、画像とキャプションは「wp-caption」というclassが付いたdiv要素で囲まれます。

▼キャプション付き画像のHTML出力例

```
<figure id="attachment_906" class="wp-caption aligncenter" style="width: 580px">
  <img class="size-full wp-image-906" width="580" height="300" src="example.jpg" alt="sample" title="sample">
  <figcaption class="wp-caption-text">
    キャプション
  </figcaption>
</figure>
```

Twenty Sixteenでのキャプション付き画像表示の例

● アイキャッチ画像に関するCSS

アイキャッチ画像には、「attachment-post-thumbnail」と「wp-post-image」というclassが追加されます。

Twenty Sixteenでのアイキャッチ画像表示の例

06 04 画像に関してあらかじめ指定しておくべきCSS

　これらの画像に関するCSSは適切に設定しておかないと、「配置で右を選んだのにもかかわらず、実際の表示は何も変わらない」などという混乱を招くことになってしまうので、注意が必要です。

COLUMN

テーマユニットテスト

　画像だけでなく、エディタから挿入されるHTMLに対しても、適切なスタイリングを設定することが大切です。これらが適切に設定されているかを確認する方法として、「テーマユニットテスト」があります。WordPressで想定される様々な記事やページなどが含まれたテスト用のインポートデータを使って、CSSが適切に設定されているかを調査できます。

　テーマユニットテストは公式テーマを作成するためのテストデータですが、どのような使われ方をするのかをあらかじめ想定しにくいクライアントワークなどでも非常に有効です。なお、ここで掲載しているTwenty Sixteenでの表示例もテーマユニットテストのデータを利用しています。

　テーマユニットテストのデータは以下のサイトから入手できます。日本語版テストデータは英語版テストデータを翻訳したものなので、英語版の最新データと多少違うことがあります。日本語での表示を確認したい場合には日本語版、WordPressの最新機能に対応できているか調べたいときには英語版を利用する、などのように使い分けるとよいでしょう。

日本語版テストデータ
https://github.com/jawordpressorg/theme-test-data-ja

英語版テストデータ
http://codex.wordpress.org/Theme_Unit_Test

CHAPTER 07 SECTION 01 カスタム投稿タイプとカスタム分類を作成する

カスタム投稿タイプの特徴を理解する

カスタム投稿タイプは、「投稿」と「固定ページ」、双方の特徴を任意に設定できる投稿タイプです。カスタム投稿タイプの特徴、使用するメリットとデメリットを説明します。

● カスタム投稿タイプの特徴

カスタム投稿タイプは、独自に定義できる投稿タイプで、次に説明するようないくつかの特徴があります。これらの特徴を持たせるかどうかは、カスタム投稿タイプを定義する際、任意に設定することができます。

個別投稿ページの階層構造

階層構造を持つことができるのは固定ページの大きな特徴でしたが、カスタム投稿タイプの個別投稿ページにも階層構造を持たせることができます。

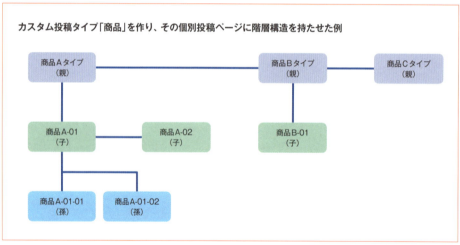

カスタム投稿タイプは、固定ページのように階層構造を持たせることができる。

07 | 01　カスタム投稿タイプの特徴を理解する

時系列に沿った表示（アーカイブページ）

　カスタム投稿タイプは、投稿のように、時系列に沿って表示するアーカイブページを持つことができます。アーカイブページにより、簡単に一覧記事を表示できます。

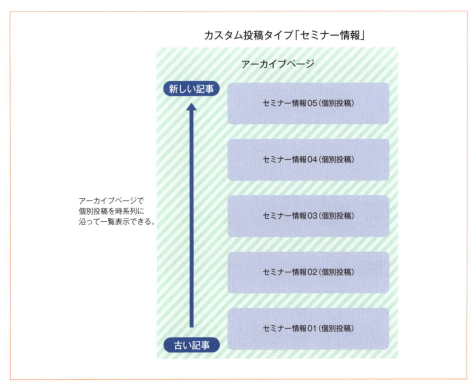

カスタム投稿タイプは、時系列に沿って表示するアーカイブページを持つことができる。

複数のカスタム分類による分類

　カスタム投稿タイプの個別投稿は、複数のカスタム分類で分類することができます。カスタム分類とは、カテゴリーやタグのような自分で定義することができる分類です。カスタム投稿タイプとカスタム分類を組み合わせることで、より複雑なサイト構成に対応することができます。カスタム分類についてはChapter 07の03で詳しく説明します。

> **MEMO**
> カスタム分類は、投稿や固定ページにも適用することができます。

07 | 01 カスタム投稿タイプの特徴を理解する

カスタム分類は、投稿タイプごとに複数設定できるため、分類の目的を明確に切り分けることができ、運用時のミス防止にもつながります。

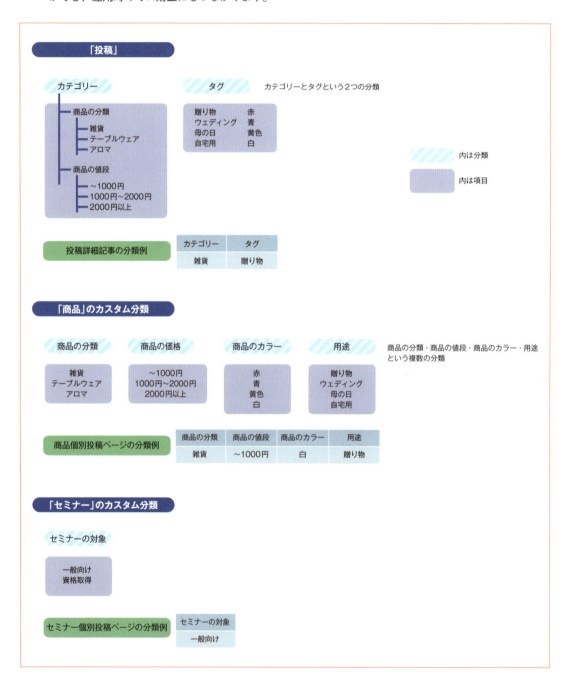

07 | 01　カスタム投稿タイプの特徴を理解する

順序の利用

順序は固定ページの特徴でしたが、カスタム投稿タイプも順序を設定することができます。

順序を数値で入力する

順序は［属性］設定欄で設定する。

管理画面で独立したメニューとして表示

カスタム投稿タイプを管理画面に表示するかどうかを設定できます。「表示」に設定すると、投稿とは別に独立したメニューとして表示されます。

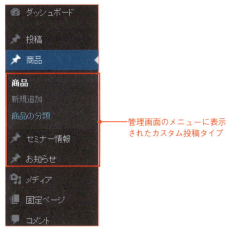

管理画面のメニューに表示されたカスタム投稿タイプ

カスタム投稿タイプは、管理画面で独立したメニューとして表示される。

投稿・編集画面の入力項目を設定

投稿の投稿・編集画面には、タイトルや本文の入力欄のほか、様々な設定欄が表示されます。カスタム投稿タイプでは、その投稿・編集画面に表示する項目を選ぶことができます。

タイトルしか入力欄のないカスタム投稿タイプを作ることもできる。

143

07 | 01　カスタム投稿タイプの特徴を理解する

非公開の設定

　カスタム投稿タイプでは、そのカスタム投稿タイプに含まれる個別投稿ページ自体を非公開に設定できます。非公開にした個別投稿の内容を他のページに読み込ませたり、プラグインによって生成されるデータをその個別投稿に保存したりと様々な使い方をすることができます。

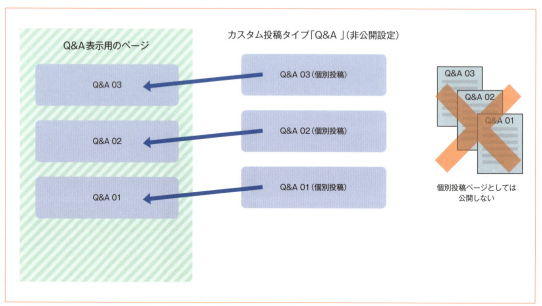

非公開のカスタム投稿タイプの利用例

任意の名前での投稿タイプ名

　投稿タイプ名は、固定ページは「page」、投稿は「post」となりますが、カスタム投稿タイプは20文字以内であれば任意に定義することが可能となっています。

●カスタム投稿タイプを使うメリット

　カスタム投稿タイプを使うとどのようなメリットがあるのでしょうか。

運用上のミスを防ぐ

　例えばトップページのお知らせのように特定のカテゴリーを表示させるような設計にした場合、カテゴリーの選択ミスや選択し忘れなどによって、お知らせであるべき情報が、セミナーとして表示されてしまうという危険性が考えられます。また、それぞれのカテゴリーによって、更新担当者が変わるような場合にも、無関係な記事を作成・編集してしまう、などのミスが起こるかもしれません。記事数が増えてくると自分の担当箇所も把握しづらくなってくるでしょう。
　適切に投稿タイプを設定することで、このような運用上の問題をできるだけ少なくすることができます。

144

07｜01 カスタム投稿タイプの特徴を理解する

用途に合わせた投稿・編集画面を作成できる

　カスタム投稿タイプは作成時に投稿・編集画面に表示するものを指定することができるので、それぞれの用途にあった投稿画面を作成することができます。そのことにより、デザイン、表示内容が異なる種別のコンテンツに柔軟に対応することができます。記事を更新するユーザーにとっても、テンプレートを作成する制作者にとっても大きなメリットとなります。

○ カスタム投稿タイプのデメリット

　柔軟な設定ができて、万能のように感じられるカスタム投稿タイプですが、デメリットもあります。

パーマリンクを柔軟に設定することができない

　パーマリンクを設定すると、固定ページの場合はページスラッグがURLになり、投稿の場合は管理画面から選択することができます。しかし、カスタム投稿タイプの個別投稿ページは、基本的に「投稿タイプ/スラッグ」というURLになるので、それ以外のものにしたい場合にはカスタマイズが必要になります。

月別アーカイブの表示が標準ではできない

　カスタム投稿タイプには、標準で月別アーカイブを表示する機能がありません。このため、ブログや新着情報にありがちな月別一覧表示を標準で実現することができません。

対応していないプラグインがある

　カスタム投稿タイプは、WordPressデフォルトの投稿タイプではないため、プラグインによっては対応していないことがあります。カスタム投稿タイプとプラグインとでどちらの方が重要度が高いか、カスタム投稿タイプに対応している他のプラグインで代用できないかといった視点で検討します。

> **MEMO**
>
> これらのデメリットはプラグインの利用やカスタマイズによって対応することもできますが、そこまでする必要があるのか、投稿のみで作成した方が実際の工数が少なくなるのではないか、などをよく検討しましょう。

CHAPTER **07** | SECTION **02**

カスタム投稿タイプとカスタム分類を作成する

カスタム投稿タイプを作成する

WordPressをインストールしたままの状態では、カスタム投稿タイプを使うことはできません。ここでは、カスタム投稿タイプを作成する方法を説明します。

⬤ カスタム投稿タイプを作成する2つの方法

カスタム投稿タイプを作成するには、大きく分けて2つの方法があります。

- **functions.phpに設定を記述する方法**
- **プラグインを使う方法**

プラグインを使うと、管理画面から簡単にカスタム投稿タイプを作成することができます。しかし、WordPressのアップグレードによってカスタム投稿タイプの機能に追加があった場合、すぐにプラグインが対応するとは限りません。また、サイトの根本の機能に関わる機能なので、プラグインに依存していると、プラグインが更新されなくなった場合の対応に困ることが起きるかもしれません。

ここでは、カスタム投稿タイプについて理解を深めるためにも、functions.phpに設定を記述する方法を解説します。

> **MEMO**
>
> カスタム投稿タイプを作成するプラグインの代表的なものとして、「Custom Post Type UI」と「Types」が挙げられます。Custom Post Type UIはカスタム投稿タイプ作成専用のプラグイン、Typesはカスタム投稿タイプとカスタムフィールドの作成を便利にする複合的なプラグインです。

⬤ カスタム投稿タイプを作成する基本的な書き方

カスタム投稿タイプを作成するには、register_post_type()を使い、functions.phpに以下のように記述します。

▼カスタム投稿タイプを作成する基本コード（functions.php）

```
function bourgeon_create_post_type() {          ❶
  register_post_type( $post_type, $args );      ❷
}
add_action( 'init', 'bourgeon_create_post_type', 1 );    ❸
```

❶ 関数bourgeon_create_post_type()を定義する。
❷ register_post_type()を使い、カスタム投稿タイプを作成する。
❸ initでbourgeon_create_post_type()が実行されるようにアクションフックを追加する。

07 | 02 カスタム投稿タイプを作成する

> **MEMO**
>
> initは「initialize」の略で、テンプレートタグや条件分岐タグをはじめとしたWordPress関数、有効化されているプラグイン、翻訳ファイルなどの読み込み（つまり初期化）が完了した段階で実行されます。このような、WordPressの実行プロセスにおける特定のタイミングで関数を実行する仕組みをアクションフックといいます。
> アクションフックの他に、WordPressが処理した値を関数で変更するための仕組みであるフィルターフックもあります。

　Chapter 07の01で説明したように、カスタム投稿タイプには様々な特徴があります。どのような特徴を持たせるかは、register_post_type()のパラメータで設定します。

▼register_post_type()のパラメータ

パラメータ	説明
$post_type	カスタム投稿タイプの名前を指定する。アルファベットの小文字で20文字以内。デフォルトの投稿タイプ名、他の投稿タイプで使われているものは避ける。
$args	設定項目（引数）を配列で指定する。

▼二番目のパラメータ（$argsに設定できる引数）

パラメータ	説明
名前に関する設定	
label	カスタム投稿タイプの表示名を指定する。
labels	管理画面での表示項目名を配列で指定する。デフォルトでは、階層を持たないカスタム投稿タイプは投稿と同じラベル、階層を持つカスタム投稿タイプは固定ページと同じラベルになる。
公開・非公開、管理画面での表示に関する設定	
public	公開するかどうかを真偽値で指定する。デフォルトは「false」（非公開）。
exclude_from_search	検索結果から除外するかどうかを真偽値で指定する。デフォルトはpublicの設定に依存する。
show_ui	管理画面に表示するかどうかを真偽値で指定する。デフォルトはpublicの設定に依存する。
show_in_menu	管理画面のメニューに表示するかどうかを真偽値で指定する。デフォルトはshow_uiの設定に依存する。
menu_position	管理画面のメニューでの表示位置を指定する。「5」で投稿の下の位置、「20」で固定ページの下の位置となる。デフォルトはコメントの下。
階層構造やアーカイブの有無に関する設定	
hierarchical	階層構造を持つかどうかを真偽値で指定する。デフォルトは「false」（階層構造なし）。
has_archive	アーカイブを作成するかどうかを真偽値で指定する。デフォルトは「false」（アーカイブなし）。
投稿・編集画面での表示項目に関する設定	
supports	有効にする表示項目を配列で指定する。主な項目は※1、title（タイトル）、editor（編集エリア）、author（作成者）、thumbnail（アイキャッチ画像）、excerpt（抜粋）、trackbacks（トラックバック送信）、custom-fields（カスタムフィールド）、comments（ディスカッションとコメント）、revisions（リビジョン）、page-attributes（属性）※2、post-formats（投稿フォーマット）など。デフォルトは「title」と「editor」が有効となっている。

※1　その他の項目や最新の項目については、英語Codexの「Function Reference/register post type」https://codex.wordpress.org/Function_Reference/register_post_type を参照。
※2　page-attributes（属性）と、hierarchical（階層構造）は、互いに有効になっている必要があります。

07 02　カスタム投稿タイプを作成する

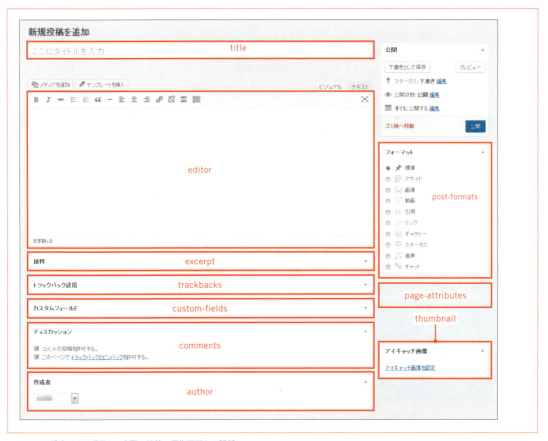

supportsで設定できる項目と、実際の投稿・編集画面との関係

● カスタム投稿タイプを作成する

実際にカスタム投稿タイプを作成してみましょう。サンプルサイトでは、以下のような設定でカスタム投稿タイプ「商品」を作成しています。

CODE　カスタム投稿タイプ「商品」を作成する（functions.php）

```
function bourgeon_create_post_type() {
  register_post_type( 'product', ←①
    array(
      'labels' => array( ←⑩
        'name'          => '商品',
        'singular_name' => '商品',
      ),
      'public'         => true, ←③
      'menu_position'  => 5, ←④
      'has_archive'    => true, ←⑤
      'supports' => array( ←⑥
        'title',
```

07 | 02　カスタム投稿タイプを作成する

```php
        'editor',
        'excerpt',
        'thumbnail',
        'custom-fields',
      ),
    )
  );
}
add_action( 'init', 'bourgeon_create_post_type', 1 );
```
❼

❶ カスタム投稿タイプの名前を「product」とする。
❷ 管理画面での表示ラベルは「商品」とする。
❸ 公開にする。
❹ 管理画面のメニューにおける表示位置を投稿の下にする。
❺ アーカイブの表示を有効にする。
❻ 編集画面で、タイトル、編集エリア、抜粋、アイキャッチ画像、カスタムフィールドを表示させる。
❼ init で bourgeon_create_post_type() が実行されるようにアクションフックを追加する。

複数のカスタム投稿タイプを作成する

　サンプルサイトでは、「商品」の他にも「セミナー情報」と「お知らせ」もカスタム投稿タイプで作成しています。このように、カスタム投稿タイプを複数作成する場合は、以下のように register_post_type() を複数定義します。

CODE　　カスタム投稿タイプを複数作成する (functions.php)

```php
function bourgeon_create_post_type() {
  register_post_type( 'product',
    array(
      'labels' => array(
        'name'          => '商品',
        'singular_name' => '商品',
      ),
      'public'        => true,
      'menu_position' => 5,
      'has_archive'   => true,
      'supports' => array(
        'title',
        'editor',
        'excerpt',
        'thumbnail',
        'custom-fields',
      ),
    )
  );

  register_post_type( 'seminar',
    array(
      'labels' => array(
        'name'          => 'セミナー情報',
        'singular_name' => 'セミナー情報',
      ),
```
❶

❷

07 | 02　カスタム投稿タイプを作成する

```
      'public' => true,
      'menu_position' => 5,
      'has_archive'   => true,
      'supports' => array(
        'title',
        'editor',
        'excerpt',
        'thumbnail',
        'custom-fields',
      ),
    )
  );

  register_post_type( 'info',
    array(
      'labels' => array(
        'name'          => 'お知らせ',
        'singular_name' => 'お知らせ',
      ),
      'public'         => false,
      'show_ui'        => true,
      'menu_position' => 5,
      'has_archive'    => true,
      'supports' => array(
        'title',
        'editor',
        'excerpt',
      ),
    )
  );
}
add_action( 'init', 'bourgeon_create_post_type', 1 );
```

❶「商品」のカスタム投稿タイプの設定
❷「セミナー情報」のカスタム投稿タイプの設定
❸「お知らせ」のカスタム投稿タイプの設定

カスタム投稿タイプが、設定した表示ラベル
と表示位置に追加されている。

CHAPTER 07 | SECTION 03

カスタム投稿タイプとカスタム分類を作成する

カスタム分類を作成し、カスタム投稿タイプの分類を管理する

カスタム投稿タイプだけでも非常に便利ですが、カスタム分類を組み合わせると、様々な分類が可能になります。ここでは、カスタム分類を作成する方法を説明します。

カスタム分類とは

WordPressにデフォルトで用意されている「カテゴリー」や「タグ」のことを「分類（タクソノミー）」と呼びます。「カスタム分類（カスタムタクソノミー）」は、自分で定義できる分類で、カテゴリーのように階層構造を持たせたり、タグのように階層構造を持たせないようにすることができます。

カスタム分類は、投稿や固定ページ、カスタム投稿タイプに紐付けることができ、また複数作成することが可能です。

カスタム投稿タイプにはカスタム分類がおすすめ

カスタム投稿タイプのコンテンツの分類にカテゴリーやタグを利用することもできます。しかし、カスタム投稿タイプ自体が投稿と切り離したいコンテンツを管理するために作成されるものであること、同じカテゴリーが投稿とカスタム投稿タイプに表示されることは混乱を招くことなどから、実際の制作の考え方としてはあまりよい方法とはいえないでしょう。

投稿にはカテゴリーやタグを利用し、カスタム投稿タイプにはカスタム分類を利用するといったように、デフォルトの分類とカスタム分類を組み合わせることで、細やかな分類をすることができます。

デフォルトの分類とカスタム分類

分類（タクソノミー）と項目（ターム）

例えば、「商品の分類」というカスタム分類を作り、分類項目として「雑貨」「花」などを登録するとしましょう。その「商品の分類」を「分類（タクソノミー）」、「雑貨」や「花」といった登録した項目を「項目（ターム）」と呼びます。投稿タイプには、複数のタクソノミーを紐付けて分類することができます。

この関係はデフォルトのカテゴリーやタグでも同じです。カテゴリーやタグそのものがタクソノミー、そこに登録する項目がタームとなります。

07 | 03 カスタム分類を作成し、カスタム投稿タイプの分類を管理する

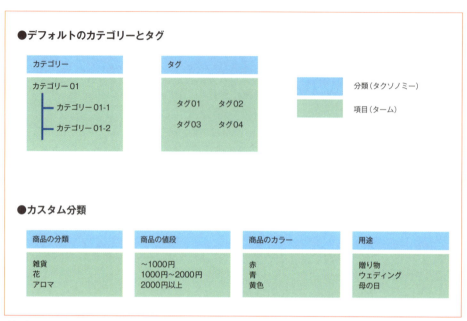

分類（タクソノミー）と項目（ターム）

◯ カスタム分類を作成する基本的な書き方

カスタム分類を作成するには、register_taxonomy()を使い、functions.phpに以下のように記述します。

▼カスタム分類を作成する基本コード（functions.php）

```
function bourgeon_create_taxonomies() {        ←❶
  register_taxonomy( $taxonomy, $object_type, $args );    ←❷
}
add_action( 'init', 'bourgeon_create_taxonomies', 1 );    ←❸
```

❶ 関数bourgeon_create_taxonomies()を定義する。
❷ register_taxonomy()を使い、カスタム分類を作成する。
❸ initでbourgeon_create_taxonomies()が実行されるようにアクションフックを追加する。

カスタム分類をどの投稿タイプと紐付けるのか、階層構造を持たせるかなどの特徴は、register_taxonomy()のパラメータで設定します。

▼register_taxonomy()のパラメータ

パラメータ	説明
$taxonomy	カスタム分類の名前を指定する。アルファベットの小文字で32文字以内。
$object_type	カスタム分類を紐付ける投稿タイプを配列で指定する。post（投稿）、page（固定ページ）、attachment（添付ファイル）、revision（リビジョン）、nav_menu_item（ナビゲーションメニュー）などの既存の投稿タイプのほか、カスタム投稿タイプを指定できる。カスタム投稿タイプの場合は、作成時に指定した$post_typeの値を使う。
$args	設定項目（引数）を配列で指定する。

07 | 03　カスタム分類を作成し、カスタム投稿タイプの分類を管理する

▼三番目のパラメータ$args に設定できる引数

パラメータ	説明
名前に関する設定	
label	カスタム分類の表示名を指定する。
labels	管理画面での表示項目名を配列で指定する。
公開・非公開、管理画面での表示に関する設定	
show_ui	管理画面に表示するかどうかを真偽値で指定する。デフォルトではpublicの設定に依存する。
show_admin_column	管理画面の一覧にタクソノミーを表示するかどうかを真偽値で指定する。デフォルトは「false」(表示しない)。
show_in_nav_menus	カスタムメニューの作成画面にタクソノミーを表示するかどうかを真偽値で指定する。デフォルトではpublicの設定に依存する。
カテゴリー型かタグ型に関する設定	
hierarchical	階層構造を持つかどうかを真偽値で指定する。デフォルトは「false」(階層構造なし)。

●カスタム投稿タイプにカスタム分類を作成する

　実際にカスタム分類を作成してみます。サンプルサイトでは、以下のような設定で、カスタム投稿タイプ「商品」にカテゴリー型のカスタム分類「商品の分類」(type)を、カスタム投稿タイプ「セミナー情報」にタグ型のカスタム分類「セミナーの対象」(target)を作成しています。なお、カスタム投稿タイプ「商品」の名前は「product」、カスタム投稿タイプ「セミナー情報」の名前は「seminar」としています。

CODE　　カスタム投稿タイプにカスタム分類を作成する (functions.php)

```php
function bourgeon_create_taxonomies() {
  $labels = array(           ●❶
    'name'          => '商品の分類',
    'singular_name' => '商品の分類',
  );

  register_taxonomy( 'type', array( 'product' ),       ●❷
    array(
      'hierarchical'      => true,       ●❸
      'labels'            => $labels,    ●❹
      'show_ui'           => true,       ●❺
      'show_admin_column' => true,       ●❻
      'show_in_nav_menus' => true,       ●❻
    )
  );

  // セミナーにタグのように階層で分類できないタクソノミーを追加
  $labels = array(           ●❶
    'name'          => 'セミナーの対象',    ●❷
    'singular_name' => 'セミナーの対象',
  );
```

153

07 03 カスタム分類を作成し、カスタム投稿タイプの分類を管理する

```
  register_taxonomy( 'target', array( 'seminar' ),
    array(
      'hierarchical' => false,       ❸
      'labels'       => $labels,     ❹
      'show_ui'      => true,        ❺
    )
  );
}
add_action( 'init', 'bourgeon_create_taxonomies', 0 );
```

❶ 管理画面でのラベルを配列で設定する。
❷ カスタム投稿タイプ「product」にカスタム分類「type」を、カスタム投稿タイプ「seminar」にカスタム分類「type」を紐付ける。
❸ カテゴリーのような階層構造を持つ。
❹ ❶で設定したカスタム分類の表示ラベルを指定する。
❺ 管理画面に表示する。
❻ 管理画面の一覧、カスタムメニューの作成画面にタクソノミーを表示する。

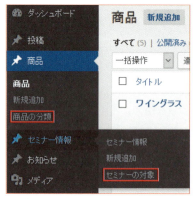

カスタム投稿タイプのメニューに、紐付けたカスタム分類のメニューが表示されている。

カスタム投稿タイプの作成時に紐付ける

　上記では、カスタム分類を作成する際に、紐付けるカスタム投稿タイプを指定していましたが、カスタム投稿タイプを作成する際にtaxonomiesパラメータを使って、紐付けるカスタム分類を指定することができます。

▼デフォルトのカテゴリーとカスタム分類「post_category」を追加する
```
'taxonomies'   => array( 'category', 'post_category' )
```

> **MEMO**
> カスタム投稿タイプを作成するプラグインの多くは、カスタム分類を作成する機能も持っているので上手に利用しましょう。

07 | 03 カスタム分類を作成し、カスタム投稿タイプの分類を管理する

◉管理画面での分類(タクソノミー)の使い勝手を向上させるプラグイン「PS Taxonomy Expander」

実際のサイト制作の場面では、管理画面でカテゴリーの一覧を思い通りの順番で表示したい、カテゴリーを複数選択させたくない(単一選択にしたい)などの要望が出ることもあります。PS Taxonomy Expanderを使うと、カテゴリーやタグ、カスタム分類といった分類を管理画面で総合的に管理することができます。

PS Taxonomy Expanderをインストールすると、管理画面に専用メニュー[Term order]が追加されるほか、[設定]>[投稿設定]と[ユーザー]>[プロフィール]に各種設定項目が追加されます。

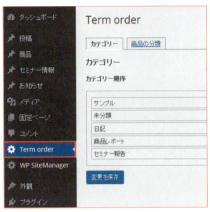

専用メニュー[Term order]が追加される。

カテゴリーの複数選択を単一選択にする

[設定]>[投稿設定]には[タクソノミー登録方法]という項目が追加され、カテゴリーのほか、階層構造を有効にしたカスタム分類が選択肢として表示されます。ここにチェックを入れると、タームの選択方法が複数選択(チェックボックス)から単一選択(ラジオボタン)に切り替わります。

このように、設定でミスを防げるようにしておくことは、WordPressに限らず、CMSを構築する上でとても大切です。

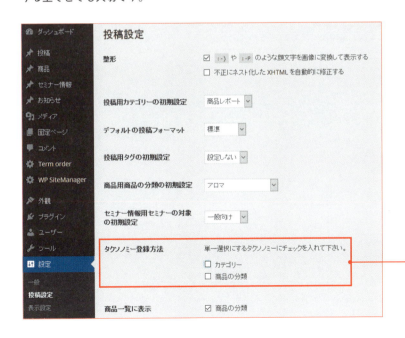

[タクソノミー登録方法]でチェックを入れると、タームの選択方法が複数選択(チェックボックス)から単一選択(ラジオボタン)に切り替わる。

07 | 03 カスタム分類を作成し、カスタム投稿タイプの分類を管理する

複数選択（チェックボックス）

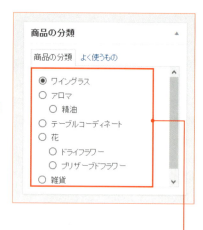
単一選択（ラジオボタン）

デフォルトで選択される分類の項目を指定する

　［設定］＞［投稿設定］では、［投稿用カテゴリーの初期設定］項目で、デフォルトで選択されるカテゴリーを指定することができます。PS Taxonomy Expanderを使えば、さらに投稿用タグのデフォルト設定を追加できるだけでなく、カスタム分類ごとのごとにデフォルトで選択される項目を設定することができるようになります。

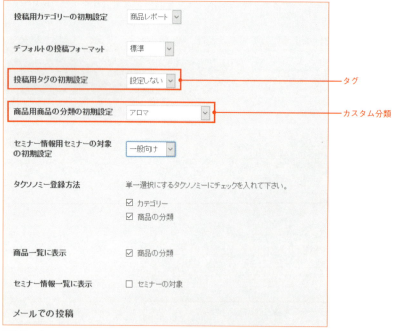
投稿用タグやカスタム分類で、デフォルトで選択するタームを指定できる。

07 | 03 カスタム分類を作成し、カスタム投稿タイプの分類を管理する

タームの順序を指定する

　　［Term order］メニューには、カテゴリーや階層構造を有効にしたカスタム分類に登録した項目が並んでいます。この順序は、ドラッグ＆ドロップで並び替えることができます。並び替えた順序は、カテゴリーをリスト表示するwp_list_categories()などのorderbyパラメータに「order」と指定することで反映させることができます。

▼［Term order］メニューで並び替えた順序を反映したリストを表示する例

```
<?php wp_list_categories( 'title_li=&taxonomy=type&orderby=order' ); ?>
```

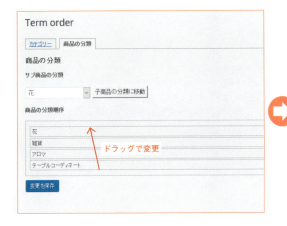 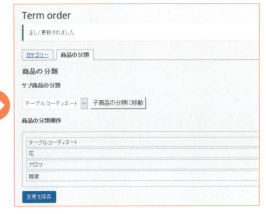

 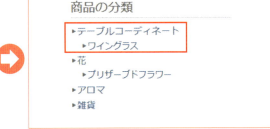

項目の順序を並び替えて、それをwp_list_categories()などの出力に反映できる。

07 03 カスタム分類を作成し、カスタム投稿タイプの分類を管理する

記事一覧と［現在の状況］にカスタム分類の情報を表示する

　［設定］＞［投稿設定］にはカスタム投稿タイプの記事一覧表示に関する項目が追加され、そのカスタム投稿タイプに紐付けられたカスタム分類が選択肢として表示されます。ここにチェックを入れると、カスタム投稿タイプの記事一覧画面にカスタム分類の情報が表示されるようになります。

記事一覧と［現在の状況］にカスタム分類の情報を表示できる。

CHAPTER 07 | SECTION 04　カスタム投稿タイプとカスタム分類を作成する

カスタム投稿タイプの個別投稿ページを作成する

カスタム投稿タイプの個別投稿ページといっても、基本的には投稿の個別投稿ページと作り方は同じです。ここでは、カスタム投稿タイプの個別投稿ページを作り、紐付けたカスタム分類を表示してみましょう。

◯ 作成方法は基本的に投稿の個別投稿ページと同じ

カスタム投稿タイプの個別投稿ページにも、テンプレート階層に沿ってテンプレートファイルが適用されます。サンプルサイトでは、カスタム投稿タイプ「商品」と「セミナー情報」、ブログの3種類の個別投稿ページがあります。それぞれレイアウトも表示させる内容も違うので、single-product.php、single-seminar.php、single.phpの3つのテンプレートファイルを作成しています。

サンプルサイトのカスタム投稿タイプ「商品」の個別投稿ページ

カスタム投稿タイプの個別投稿ページのテンプレートの作り方は、基本的にはブログ（投稿）の個別投稿ページと同じです。WordPressループを利用し、その中でテンプレートタグを使って必要な情報を表示させます。例えば、サンプルサイトのカスタム投稿タイプ「商品」の個別投

159

07｜04 カスタム投稿タイプの個別投稿ページを作成する

稿ページでは、前ページの図のようにタイトル、カスタム分類の項目、本文を掲載しています。
　カスタム投稿タイプ「商品」の個別投稿ページは、ブログの個別投稿ページと比べて、少し複雑なレイアウトとなっています。タイトルと本文、カスタム分類の表示以外は、カスタムフィールドを使って実現しており、詳しくはChapter 08で説明します。また、タイトルとコンテンツの表示に関しては、Chapter 04の01で説明しているので、ここではカスタム分類の表示に絞って説明します。

● カスタム分類を表示する

カスタム分類の項目を表示する：the_terms()

　カスタム投稿タイプ（他の投稿タイプも含め）に紐付けられたカスタム分類の項目を表示するにはthe_terms()を使います。the_terms()は、カスタム分類の項目をリンク付きで表示します。また、パラメータで項目間を区切る文字列などを指定できます。
　サンプルサイトのカスタム投稿タイプ「商品」には、カスタム分類「商品の分類（type）」を紐付けています（Chapter 07の03を参照）。

▼ カスタム分類「商品の分類（type）」の項目を表示する

```
<div class="terms">
<?php the_terms( $post->ID, 'type', '', ',', '' ); ?>  ———❶
</div>
```

❶ the_terms()のパラメータとして、記事のID（$post->ID）、表示するカスタム分類名（type）、ターム間の区切り文字（,）を指定している。

▼ 出力されるHTMLの例

```
<div class="terms">
<a href="#" rel="tag">テーブルコーディネート</a>,<a href="#" rel="tag">ワイングラス</a>
</div>
```

> ワイングラス
>
> 職人さんのこだわりのワイングラス
>
> テーブルコーディネート, ワイングラス

上記コードの表示結果

タームを色分けして表示する：get_the_terms()

　先程の例は、カスタム分類の項目をシンプルに表示したものですが、項目ごとに色分け表示したいという要望もあるでしょう。一般的にはCSSで異なる色を適用することになりますが、出力されるHTMLコードを見ると、そのままでは各項目を区別する手段がありません。
　そこで、各項目をspan要素で囲み、そのspan要素に項目のスラッグを利用したclassが適用されるようにしてみます。ここではタームの情報を取得するために、get_the_terms()を使います。

160

07 | 04　カスタム投稿タイプの個別投稿ページを作成する

▼ タームを色分けして表示する例

```php
<?php
    $terms = get_the_terms( $post->ID, 'type' );          ●①
    if ( ! is_wp_error( $terms ) && $terms ) :
      foreach ( $terms as $term ) :                        ②
?>
              <span class="label product-<?php echo esc_attr( $term->slug ); ?>"><?php
echo esc_html( $term->name ); ?></span>  ●③
<?php
      endforeach;
    endif;
?>
```

① get_the_terms()でカスタム分類「商品の分類（type）」の項目の情報を取得し、変数$termsに格納する。
② タームが存在し、エラーが出ていない場合にループを開始する。
③ $term->slugで項目のスラッグを取得し、「product-」という文字列と結合させて、「product-タームスラッグ」というclass
　を作る。$term->nameでタームの名前を取得して表示する。

▼ 出力されるHTMLの例

```html
<div class="terms">
  <span class="label product-wine-glass">ワイングラス</span>
</div>
```

▼ タームを色分けするCSSの例

```css
.label {
  margin-right: 10px;
  padding: 3px 3px 0;
  font-size: 0.8em;
  line-height: 1.2;
  color: #ffffff;
}

.product-table-setting {
  background: #4f85f8;
}
.product-wine-glass {
  background: #66b1f1;
}
```

ワイングラス

職人さんのこだわりのワイングラス

`テーブルコーディネート` `ワイングラス`

上記コードの表示結果。サンプルサイトでは、
各タームのアーカイブページへのリンクはな
く、アイコン的なラベルとして表示している。

完成したカスタム投稿タイプ「商品」の個別投稿ページのテンプレートファイル

これまでに解説したテンプレートタグで、作成したsingle-product.phpは以下の通りです。
なお、タイトルや記事を表示させる部分は通常のWordPressループと同じです。

161

07 | 04 カスタム投稿タイプの個別投稿ページを作成する

CODE カスタム投稿タイプ「商品」の個別投稿ページにタイトルと記事を表示する（single-product.php）

```php
<?php
if ( have_posts() ) :
  while ( have_posts() ) :
    the_post();
?>
      <article id="post-<?php the_ID(); ?>" <?php post_class(); ?>>
        <header class="entry-header">
          <h2 class="entry-title"><?php the_title(); ?></h2>          ← タイトル
          <p class="product-lead"><?php echo esc_html( get_field( 'product-lead' ) );
?></p>
          <div class="terms">
<?php
    $terms = get_the_terms( $post->ID, 'type' );
    if ( ! is_wp_error( $terms ) && $terms ) :
      foreach ( $terms as $term ) :
?>
            <span class="label product-<?php echo esc_attr( $term->slug ); ?>"><?php
echo esc_html( $term->name ); ?></span>
<?php
      endforeach;
    endif;
?>
          </div>
        </header>
        <section class="entry-content">
          <div class="product-info">
            <?php the_content(); ?>          ← 本文
          </div>
        </section>
      </article>
<?php
  endwhile;
endif;
?>
```

カスタム分類の項目

● カスタム投稿タイプの個別投稿ページのパーマリンクを変更する

　管理画面の［設定］＞［パーマリンク設定］でデフォルト以外を選択すると、カスタム投稿タイプのURLは全て「http://example.com/カスタム投稿名/スラッグ」という形式になります。毎回英語でスラッグを設定するのが現実的ではない場合もありますし、逆にスラッグを使いたいなど、投稿タイプによって使い分けたいケースもあるでしょう。

▌ リライトルール

　パーマリンクを設定すると、WordPressはパーマリンクの「基本」のURL（http://example.com/?p=123のような形式）を、選択した形式に従って書き換えます。その書き換えのルール

162

07 | 04 カスタム投稿タイプの個別投稿ページを作成する

を「リライトルール」と呼びます。このリライトルールを追加、変更することで、パーマリンクをカスタマイズすることができます。

ここでは、「Custom Post Type Permalinks」というプラグインを使って、カスタム投稿タイプの個別投稿ページのパーマリンクを変更してみましょう。

Custom Post Type Permalinksは、管理画面の［プラグイン］＞［新規追加］で検索して追加できます。Custom Post Type Permalinksをインストールすると、［設定］＞［パーマリンク設定］に［カスタム投稿タイプのパーマリンクの設定］項目が追加されます。

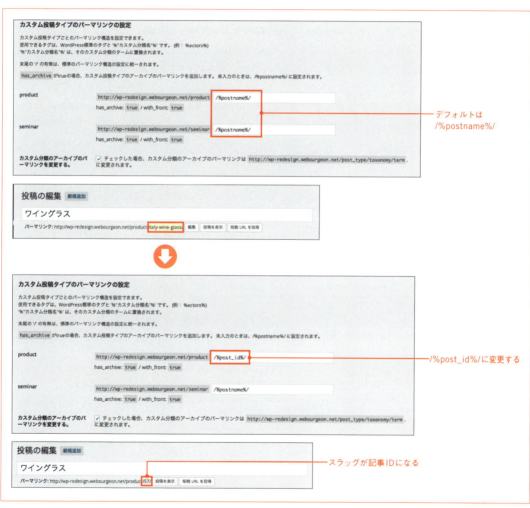

カスタム投稿タイプのパーマリンクの設定を「/%post_id%/」（記事ID）に変更すると、パーマリンクも記事IDに変更される。

> **MEMO**
> リライトルールの詳細については、http://wpdocs.osdn.jp/関数リファレンス/WP_Rewrite などを参考にしてください。

CHAPTER 07 | SECTION 05 | カスタム投稿タイプとカスタム分類を作成する

カスタム投稿タイプのアーカイブページを作成する

カスタム投稿タイプのアーカイブページといっても、基本的には投稿のアーカイブページと作り方は同じです。カスタム分類なども表示させたカスタム投稿タイプのアーカイブページを作ります。また、月別のアーカイブの作成方法も紹介します。

◉ 作成方法は基本的に投稿のアーカイブページと同じ

　カスタム投稿タイプは、register_post_type()のパラメータhas_archiveをtrueにすることで、アーカイブページを持つことができます。has_archiveをtrueにしたカスタム投稿タイプは、テンプレート階層に沿ってテンプレートファイルが適用されます。サンプルサイトでは、カスタム投稿タイプ「商品」と「セミナー情報」、ブログの3種類のアーカイブページがあります。それぞれレイアウトも表示させる内容も違うので、archive-product.php、single-archive-seminar.php、archive.phpの3つのテンプレートファイルを作成しています。

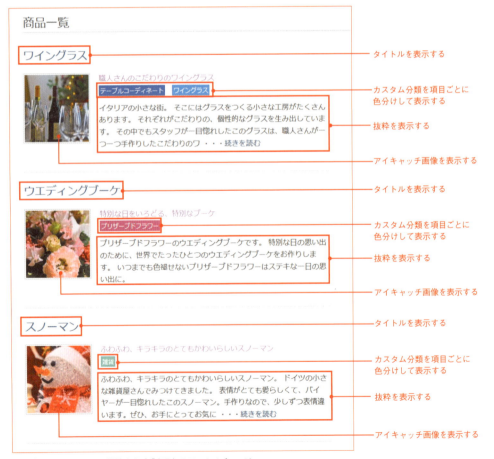

サンプルサイトのカスタム投稿タイプ「商品」のアーカイブページ

164

07 | 05 カスタム投稿タイプのアーカイブページを作成する

カスタム投稿タイプのアーカイブページの作り方は、基本的にはブログ（投稿）のアーカイブページと同じです。WordPressループを利用し、その中でテンプレートタグを使って必要な情報を表示します。例えば、サンプルサイトのカスタム投稿タイプ「商品」のアーカイブページでは、前ページの図のようにタイトル、カスタム分類の項目、本文の抜粋、アイキャッチ画像を表示しています。

カスタム投稿タイプ「商品」のアーカイブページは、ブログのアーカイブページと比べて、少し複雑なレイアウトとなっています。タイトル、カスタム分類の項目、本文の抜粋、アイキャッチ画像の表示以外は、カスタムフィールドを使って実現しています。カスタムフィールドの詳細はChapter 08で説明します。また、タイトルの表示に関してはChapter 04の01、抜粋の表示に関してはChapter 05の02、カスタム分類の表示に関してはChapter 07の03で説明しています。

> **MEMO**
>
> 空の固定ページを作り、カスタム投稿のアーカイブを表示させる方法も多く紹介されていますが、サイトの構造として固定ページとカスタム投稿タイプを紐付ける必要が出てくること、ページ送りの表示が難しくなる、など様々な問題が起きやすくなります。できるだけ、テンプレート階層に沿ったカスタム投稿タイプのアーカイブを利用するようにした方がスムースです。

完成したカスタム投稿タイプ「商品」のアーカイブページのテンプレートファイル

これまでに説明した内容を利用してWordPressループを記述し、記事一覧を表示させます。

CODE カスタム投稿タイプ「商品」のアーカイブページに記事一覧を表示する（archive-product.php）

```php
<?php
if ( have_posts() ) :
  while ( have_posts() ) :
    the_post();
?>
        <article id="post-<?php the_ID(); ?>" <?php post_class(); ?>>
          <header class="entry-header">
            <h2 class="entry-title"><a href="<?php the_permalink(); ?>"
title="<?php the_title_attribute(); ?>"><?php the_title(); ?></a></h2>     ← タイトル
          </header>
          <div class="entry-content">
<?php
    if ( get_field( 'product-lead' ) ) :
?>
            <p class="product-lead"><?php echo esc_html( get_field( 'product-lead' ) );
?></p>
<?php
    endif;
?>
```

07 | 05 カスタム投稿タイプのアーカイブページを作成する

```php
        <div class="terms">
<?php
    $terms = get_the_terms( $post->ID, 'type' );
    if ( ! is_wp_error( $terms ) && $terms ) :
      foreach ( $terms as $term ) :
?>
            <span class="label product-<?php echo esc_attr( $term->slug ); ?>"><?php
echo esc_html( $term->name ); ?></span>
<?php
      endforeach;
    endif;
?>
        </div>
        <?php the_excerpt(); ?>          ──  抜粋
        </div>
    </article>                                  カスタム分類の項目
<?php
  endwhile;
endif;
?>
```

● カスタム投稿タイプの月別アーカイブを表示する

WordPressの標準機能では、カスタム投稿タイプの月別アーカイブを表示することはできません。

表示させるためには、Chapter 07の04で取り上げたCustom Post Type Permalinksプラグインを使うと便利です。Custom Post Type Permalinksを利用すれば、カスタム投稿タイプの日付別アーカイブページのURLが自動的に生成されるようになります。

▌ カスタム投稿タイプの月別アーカイブのリストを表示する

Custom Post Type Permalinksを使用すると、wp_get_archives()のパラメータとして「post_type=投稿タイプ」を指定することが可能になります。例えば、カスタム投稿タイプ「セミナー（seminar）」の月別アーカイブのリストを表示するには、次のようなコードを記述します。

CODE カスタム投稿タイプ「セミナー（seminar）」の月別アーカイブのリストを表示する（sidebar.php）

```php
<ul>
    <?php wp_get_archives( 'type=monthly&post_type=seminar' ); ?>
</ul>
```

CHAPTER	SECTION	カスタムフィールドを利用する

08 | 01 カスタムフィールドを理解する

カスタムフィールドを使えば、記事ごとに情報を追加することができます。ここではカスタムフィールドの特徴と使い方を説明します。

● カスタムフィールドとは

投稿や固定ページの編集画面には「カスタムフィールド」という設定欄があります。カスタムフィールドで追加した情報は、本文とは別にデータベースに保存され、記事の付加情報として利用することができます。

カスタムフィールドの情報は、「名前」と「値」の組み合わせからなり、それぞれデータベースのwp_postmeta テーブルに「meta_key（名前）」「meta_value（値）」として保存されます。また、同じ名前で複数のカスタムフィールドを作成することもできます。

カスタムフィールドの情報は「名前」と「値」の組み合わせで追加する。

同じ名前で複数のカスタムフィールドを作成することもできる。

カスタムフィールドで追加した情報はページに表示させるだけでなく、特定のカスタムフィールドを持つ記事だけを表示させたり、カスタムフィールドの値を利用して、ページによって表示する内容を変えたりと、様々な利用方法があります。

167

08 | 01　カスタムフィールドを理解する

● カスタムフィールドの使い方

投稿・編集画面で「名前」と「値」を追加する

　カスタムフィールドを使ってみましょう。投稿・編集画面にカスタムフィールドの設定欄が表示されていないときは、[表示オプション] タブを開いて [カスタムフィールド] にチェックを入れます。

　「名前」と「値」を入力し、[カスタムフィールドを追加] ボタンを押します。一度追加した「名前」は、プルダウンメニューで選択できるようになります。

1つの記事に複数のカスタムフィールドを追加でき、一度追加した「名前」はプルダウンメニューに表示されるようになる。

カスタムフィールドをリストで表示する

　the_meta()をWordPressループ内に記述すると、カスタムフィールドの名前と値をリストで表示することができます。

▼カスタムフィールドをリストで表示する
```
<?php the_meta(); ?>
```

▼出力されるHTMLの例
```
<ul class='post-meta'>
    <li><span class='post-meta-key'>今日の天気:</span> 晴れ</li>
    <li><span class='post-meta-key'>今読んでいる本:</span> 吾輩は猫である</li>
</ul>
```

- 今日の天気: 晴れ
- 今読んでいる本: 吾輩は猫である

the_meta()の表示結果

| 08 | 01 | カスタムフィールドを理解する

カスタムフィールドの値を取得する

リストでの表示ではなく、もう少し柔軟にカスタムフィールドの値を利用したい、という場合には、get_post_meta()を使い、カスタムフィールドの値を取得して、利用します。

例えば、カスタムフィールドに「books」（名前）と「吾輩は猫である」（値）の組み合わせで追加されている場合、この値を表示するには以下のように記述します。

▼ カスタムフィールド「books」の値を表示する

```
<h3>カスタムフィールド「books」の値を表示</h3>
<p><?php echo esc_html( get_post_meta( $post->ID, 'books', true ) ); ?></p>  ●───❶
```

❶ get_post_meta()の第2パラメータに名前を指定する。

カスタムフィールドbooksの値を表示

吾輩は猫である

上記コードの表示結果

同じ名前で複数のカスタムフィールドを作成している場合、それらを全て表示させるには、get_post_meta()の第3パラメータをfalseにし、配列として取得したものをループして表示させる必要があります。または、get_post_custom()を利用すると、カスタムフィールドの情報を全て配列として取得することができます。

また、$post->{meta_key}（meta_keyは設定したカスタムフィールドの名前）で、カスタムフィールドの値を取得することができます。

```
<?php echo esc_html( $post->meta_key ); ?>
```

● カスタムフィールドを使う上での注意点

ユーザーが入力する値というのは、どのようなものになるのか、あらかじめ予想できません。適切な値ではない場合もあるでしょうし、悪意のあるコードを入力されてしまうことがあるかもしれません。そのため、ユーザーが入力した値を表示させる場合には、それらを無害化するために必ずエスケープ処理を行って、クロスサイトスクリプティング（XSS）を防ぐ必要があります。WordPressの場合、ユーザーが入力した情報を表示するテンプレートタグでは、内部的に適切なエスケープ処理が施されています。例えば、カスタムフィールドの情報をリスト表示させるthe_meta()もエスケープ処理を行っています。

ただし、get_post_meta()のように、値を取得するテンプレートタグではエスケープ処理を行っていません。そのため表示させる際には、適切なエスケープ処理を行う必要があります。WordPressには次のようなエスケープ用の関数が用意されています。用途によって適切に使い分けましょう。

| 08 | 01 | カスタムフィールドを理解する

　これらは、カスタムフィールドだけではなく、ユーザーが入力したものを表示させる全ての場合で必須の処理として覚えておいてください。

▼WordPressの代表的なエスケープ用の関数

関数	説明
esc_html()	タグとして認識される<>のエスケープや＆などの特殊文字のエンティティを行う。
esc_attr()	タグの属性値として利用する場合に使う。
esc_url()	urlとして不適切な文字列の削除やエンティティを行う。

　前述の「カスタムフィールド「books」の値を表示する」例などでは、esc_html()を使ってエスケープ処理を行っています。

カスタムフィールドを拡張して利用する

　残念ながら、WordPressのデフォルトのままのカスタムフィールドは、あまり使い勝手がよくありません。実際のクライアントワークでは、プラグインなどを使って機能を拡張することがあります。次のChapter 08の02では、プラグインを使った実践的なカスタムフィールドの使い方を説明します。

CHAPTER 08 | SECTION 02

カスタムフィールドを利用する

プラグインでカスタムフィールドを拡張する

WordPress標準のままのカスタムフィールドは少し扱いにくいことがあります。ここでは、「Advanced Custom Fields」というプラグインを利用して、カスタムフィールドを拡張する方法を説明します。

カスタムフィールドを使いやすくするプラグイン 「Advanced Custom Fields」

プラグインを利用すれば、多くのカスタムフィールドを管理したり、コンテンツによってカスタムフィールドを使い分けたり、画像やファイルをアップロードできるようになります。カスタムフィールドを使いやすくするプラグインとしては、次のようなものがあります。

- **Advanced Custom Fields**
- **Custom Field Template**
- **Editor Templates**
- **Types**

ここでは、中でも比較的よく利用されている「Advanced Custom Fields」を使ってみましょう。Advanced Custom Fieldsを利用すると、次のことが可能となります。

- **画像などのファイルアップロード、ビジュアルエディタ、チェックボックスなど様々な入力方法のカスタムフィールドを作成できる。**
- **カスタムフィールドをグループ化し、グループごとに特定の投稿タイプやカテゴリーのみに表示したり、編集画面の簡単なカスタマイズができる。**

また、ここでは紹介しませんが、このプラグインにはadd-onと呼ばれる有料の拡張機能が豊富にあり、さらにカスタムフィールドの機能を拡張することができます。

Advanced Custom Fieldsでカスタムフィールドを作成する

Advanced Custom Fieldsは、管理画面の［プラグイン］＞［新規追加］で検索して追加できます。Advanced Custom Fieldsをインストールすると、管理画面に専用メニュー［カスタムフィールド］が追加されます。

171

08 | 02　プラグインでカスタムフィールドを拡張する

専用メニュー［カスタムフィールド］が追加される。

フィールドグループを作成する

　Advanced Custom Fieldsでは、まず「フィールドグループ」を作成します。フィールドグループとは、カスタムフィールドをグループ化し、管理画面に設定欄として表示させる単位です。
　まずフィールドグループ画面の[新規追加]をクリックして、フィールドグループのタイトルを入力し、フィールドグループを作成します。タイトルの付け方に制限はありませんが、フィールドグループが表示される管理画面との関連性がわかりやすいもの、内容が把握しやすいものにしておくとよいでしょう。

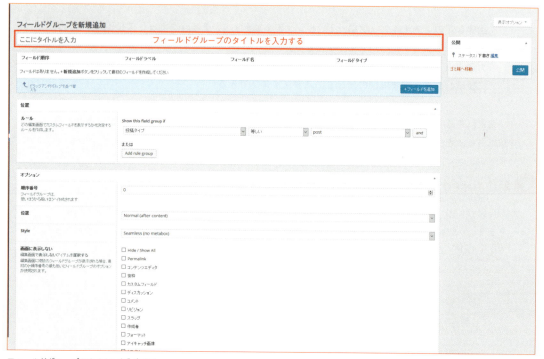

フィールドグループのタイトルを入力する。

172

08 | 02 プラグインでカスタムフィールドを拡張する

フィールドグループの項目（フィールド）を作成する

続いて、フィールドグループに属する項目（フィールド）を作成します。［フィールドを追加］ボタンをクリックして設定画面を開き、フィールドラベル、フィールド名、フィールドタイプ、必須、デフォルト値、およびフィールドタイプごとの設定を入力します。

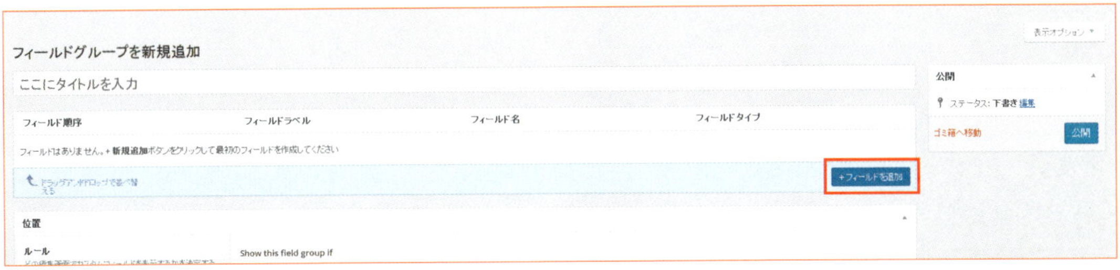

フィールドの設定画面

フィールドタイプについて

フィールド設定画面には「フィールドタイプ」という項目があります。WordPress標準のカスタムフィールドの入力欄はテキストエリアのみですが、Advanced Custom Fieldsを利用すると、テキストエリアの他にも、画像やファイルのアップロード、Wysiwygエディタ、チェック

173

08 | 02 プラグインでカスタムフィールドを拡張する

ボックスなどを使用することができるようになります。これらの種類をフィールドタイプと呼びます。主なフィールドタイプのうち、「数値」「Wysiwigエディタ」「画像」「セレクトボックス」「テキスト」「テキストエリア」「デイトピッカー」「Google Map」の入力欄を以降に例示します。フィールドタイプは種類が多いので、プラグインの公式サイト（http://www.advancedcustomfields.com/）で確認してください。

［数値］

1行の数値を入力する。数値以外は警告される。

［Wysiwygエディタ］

投稿のビジュアルエディタのように自由に記述できる。

［画像］

画像をアップロードする。

［セレクトボックス］

プルダウンで選択する。

［テキストとテキストエリア］

それぞれ入力フォーマットを決めることができる。

08 | 02　プラグインでカスタムフィールドを拡張する

[デイトピッカー]

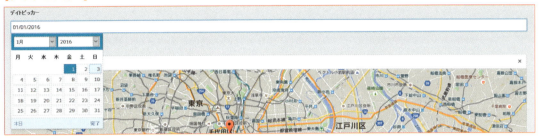

日付をテキスト、またはカレンダーで入力する。

[Google Map]

[Google Map]あらかじめ表示する地図や大きさなどを初期設定できる。投稿画面で住所を入力して、Google Mapを表示する。

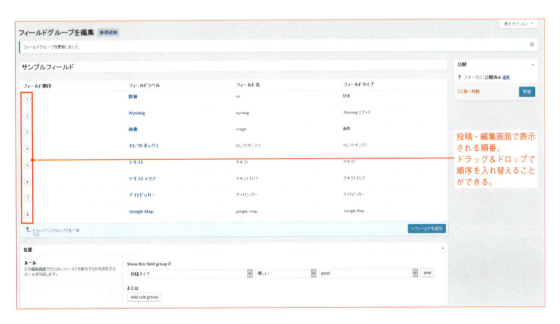

投稿・編集画面で表示される順番。ドラッグ＆ドロップで順序を入れ替えることができる。

08 02 プラグインでカスタムフィールドを拡張する

フィールドグループの「位置」と「オプション」を選択する

　フィールドグループの設定画面には［位置］という設定欄があります。この［位置］では、フィールドグループを投稿タイプやカスタム分類など管理画面のどのページに表示させるかを設定します。

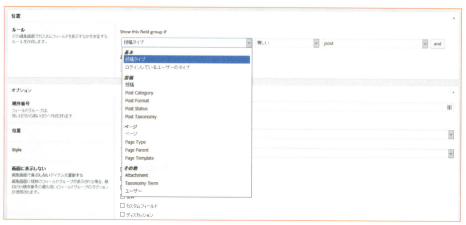

様々な投稿タイプやカテゴリー・カスタム分類・メディアなどの管理画面に表示させることができる。

　［オプション］設定欄で、カスタムフィールドの表示位置やスタイルなどを設定します。

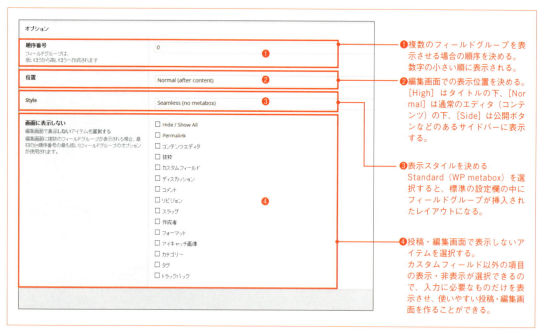

［オプション］設定欄の内容

❶複数のフィールドグループを表示させる場合の順序を決める。数字の小さい順に表示される。

❷編集画面での表示位置を決める。［High］はタイトルの下、［Normal］は通常のエディタ（コンテンツ）の下、［Side］は公開ボタンなどのあるサイドバーに表示する。

❸表示スタイルを決める Standard（WP metabox）を選択すると、標準の設定欄の中にフィールドグループが挿入されたレイアウトになる。

❹投稿・編集画面で表示しないアイテムを選択する。カスタムフィールド以外の項目の表示・非表示が選択できるので、入力に必要なものだけを表示させ、使いやすい投稿・編集画面を作ることができる。

176

08 | 02 プラグインでカスタムフィールドを拡張する

● Advanced Custom Fieldsを使った投稿・編集画面のカスタマイズ

　これまでに説明したAdvanced Custom Fieldsの機能を利用して、編集画面を簡単にカスタマイズすることができます。［オプション］の［画面に表示しない］という設定項目では、カスタムフィールド以外の項目の表示・非表示を設定することができます。全ての項目を非表示にして、Advanced Custom Fieldsで作成したカスタムフィールドのみで編集画面を構成することも可能です。

　また、1つの編集画面に複数のフィールドグループを表示することができることと、［オプション］の位置設定などを利用してさらにレイアウトを工夫することもできます。

　フィールド記入のヒントやフィールドタイプ「レイアウト」のメッセージなどを利用して、入力時の負担を減らすことも可能です。

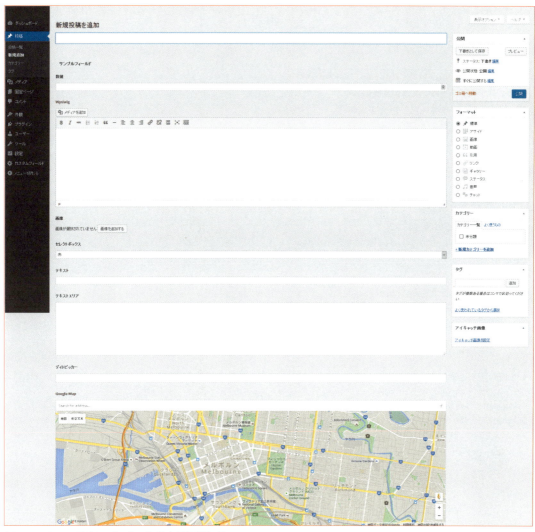

Advanced Custom Fieldsでカスタマイズした編集画面の例

177

| 08 | 02 | プラグインでカスタムフィールドを拡張する |

Advanced Custom Fieldsで作成した カスタムフィールドの内容を表示する

Advanced Custom Fieldsは、フィールドを表示させるための独自のテンプレートタグを持っています。

▼ Advanced Custom Fieldsの独自のテンプレートタグ

テンプレートタグ	説明	書式	パラメータ
the_field()	指定したフィールドの値を表示する	`<?php the_field( $field_name, $post_id ); ?>`	$field_name：取得するフィールドの名前 $post_id：記事ID。デフォルトは現在の記事ID
get_field()	指定したフィールドの値を取得する	`<?php $field = get_field( $field_name, $post_id, $format_value ); ?>`	$field_name：取得するフィールドの名前 $post_id：記事ID。デフォルトは現在の記事ID $format_value：データベースから取得した値をフォーマットするかどうか。デフォルトは「false」

以下は、Advanced Custom Fieldsのフィールドを表示する例です。

▼ Advanced Custom Fields：カスタムフィールドを表示する

```
<h3>カスタムフィールドを表示する</h3>
<p><?php the_field( 'product-lead' ); ?></p>
```

▼ 出力されるHTMLの例

```
<h3>カスタムフィールドを表示する</h3>
<p>職人さんのこだわりのワイングラス</p>
```

▼ Advanced Custom Fields：画像をURLで表示する（返り値の設定で画像URLを選択した場合）

```
<h3>画像をURLで表示する</h3>
<img src="<?php the_field( 'product-photo01' ); ?>" alt="" />
```

▼ 出力されるHTMLの例

```
<h3>画像をURLで表示する</h3>
<img src="http://example.com/wp-content/uploads/2015/06/glass-01.jpg" alt="" />
```

▼ Advanced Custom Fields：画像をIDから表示する（返り値の設定で画像IDを選択した場合）

```
<?php
$image = wp_get_attachment_image_src( get_field( 'product-photo01' ), 'full');   ●❶
?>
<img src="<?php echo $image[0]; ?>" width="<?php echo $image[1]; ?>" height="<?php echo
$image[2]; ?>"   ●❷
alt="<?php echo esc_attr( get_the_title( get_field( 'product-photo01' ) ) ); ?>">   ●❸
```

❶ wp_get_attachment_image_src()で画像のURL、幅、高さを取得する。
❷ 取得したURL、幅、高さは、[0] => url、[1] => width、[2] => heightという配列に格納されているのでそれぞれ表示する。
❸ 画像のタイトルを取得して、altとして表示する。

08 | 02 プラグインでカスタムフィールドを拡張する

▼出力されるHTMLの例

```
<h3>画像をIDから表示する</h3>
<img src="http://example.com/wp-content/uploads/2015/06/glass-01.jpg" width="232" height="300" alt="ワイングラス">
```

上記コードの表示結果

●カスタムフィールドの値が存在しないときの処理

そのページでは入力すべき項目がない、入力を忘れるなど、カスタムフィールドに必ず値が入るとは限りません。カスタムフィールドに値の入力がないと、空のHTMLタグだけが表示されてHTMLの構造が崩れたり、PHPのエラーになってしまうことも考えられます。そこで、カスタムフィールドに値があるかを判別して、あるときだけHTMLとともに出力するようにします。

▼カスタムフィールドの値の有無を判別する

```php
<?php
if ( get_field( 'product-lead' ) )        ❶
  echo '<p>' . esc_html( get_field( 'product-lead' ) ) . '</p>';    ❷
}
?>
```

❶ product-leadというフィールドに値があるか判別する。
❷ 値があるときだけpタグとともに出力する。

この例の場合、product-leadというカスタムフィールドに値がない場合には`<p></p>`も出力されません。

CHAPTER 08　SECTION 03　カスタムフィールドを利用する

カスタムフィールドを使って、複雑なページレイアウトを簡単に更新できるようにする

カスタムフィールドを応用すれば、複雑なページレイアウトを更新しやすい形で実現できます。ここでは、サンプルサイトを例にその方法を説明します。

● サンプルサイトのページレイアウトと HTML ソース

サンプルサイトの商品個別投稿ページでは、画像が並んでいたり、画像の右にテキストがあったり、下には表組みがあったりと、複雑なレイアウトになっています。

サンプルサイトの商品個別投稿ページ

この商品個別投稿ページのコンテンツ部分の HTML を見てみましょう。

CODE　商品個別投稿ページのコンテンツ部分の HTML

```
<article id="post-57" class="post-57 product type-product status-publish hentry type-
table-setting type-wine-glass">
  <header class="entry-header">
    <h2 class="entry-title">ワイングラス</h2>　❶
    <p class="product-lead">職人さんのこだわりのワイングラス</p>　❷
    <div class="terms">　❸
      <span class="label product-table-setting">テーブルコーディネート</span>
      <span class="label product-wine-glass">ワイングラス</span>
    </div>
  </header>
  <section class="entry-content">
    <div class="product-detailed">
```

180

08 | 03 カスタムフィールドを使って、複雑なページレイアウトを簡単に更新できるようにする

```
        <div class="product-photo">  ●————④
            <div class="product-photo-big">
                <img src="http://chieko.vip-demo.prime-strategy.co.jp/wp-content/
uploads/2013/06/glass-01.jpg" alt="ワイングラス　テーブルセッティングのイメージ">
            </div>
            <div class="product-photo-small">
                <img src="http://chieko.vip-demo.prime-strategy.co.jp/wp-content/
uploads/2013/06/glass-02.jpg" alt="ワイングラス">
                <img src="http://chieko.vip-demo.prime-strategy.co.jp/wp-content/
uploads/2013/06/glass-03.jpg" alt="ワイングラス　拡大写真">
            </div>
        </div>
        <div class="product-info">  ●————⑤
            <p>イタリアの小さな街。<br />
そこにはグラスをつくる小さな工房がたくさんあります。</p>
<p>それぞれがこだわりの、個性的なグラスを生み出しています。</p>
<p>その中でもスタッフが一目惚れしたこのグラスは、職人さんが一つ一つ手作りしたこだわりのワイングラスです。</
p>
<p>一点も曇りのない美しいグラスは、お気にいりのワインを更に美味しくしてくれるでしょう。</p>
<div class="inquiry-bnr bnr-s">
<h2>お問い合わせ</h2>
<p>お問い合わせはお電話、またはお問い合わせフォームよりお気軽に！</p>
<div class="bnr-box">
<p class="info"><span class="tel-number">TEL 03-0000-0000</span><br />
営業時間　10：00 ～ 19:00</p>
<div class="btn"><a><span class="icon">お問い合わせフォーム</span></a></div>
</div>
</div>
        </div>
        </div>
        <h2>商品詳細</h2>  ●————⑥
        <table class="details">
            <tr>
                <th>値段</th>
                <td>1500円</td>
            </tr>
            <tr>
                <th>カラー </th>
                <td>透明</td>
            </tr>
            <tr>
                <th>サイズ</th>
                <td>中</td>
            </tr>
        </table>
        <p class="right"><a href="/product/">商品一覧へ</a></p>
    </section>
</article>
```

この部分のHTMLを書かなければならない

08 | 03　カスタムフィールドを使って、複雑なページレイアウトを簡単に更新できるようにする

　個別投稿ページごとにこのような複雑なHTMLを書くことは、更新者にとって負担になり、レイアウトの崩れなども起きやすくなります。

　商品個別投稿ページごとに掲載する画像やテキスト、表組みの内容は異なります。そのため、標準の編集画面の機能を使って、このようなレイアウトでページごとに異なるコンテンツを掲載するとなると、前ページのHTMLソースの囲み部分をその都度記述しなければなりません。

　このHTMLの中で共通する部分はテンプレートファイル内に書いておき、ページごとに異なる部分をカスタムフィールドで入力するようにすれば、この問題を解決することができます。

● Advanced Custom Fieldsを使って必要なカスタムフィールドを作成する

どのようなカスタムフィールドを作成すればよいかを考える

　商品個別投稿ページのコンテンツでどの部分をカスタムフィールドにするかは、例として次のようになります。

商品個別投稿ページのカスタムフィールドで管理する部分

08 | 03 カスタムフィールドを使って、複雑なページレイアウトを簡単に更新できるようにする

Advanced Custom Fieldsでフィールドグループを作成する

多くのカスタムフィールドを扱う場合は、Chapter 08の02で紹介した「Advanced Custom Fields」プラグインを使うと便利です。サンプルサイトでは、フィールドグループ「商品説明」を作成し、フィールドを次のように作成しています。

▼フィールドの設定内容

	商品のキャッチフレーズ	商品写真大	商品写真小	商品写真小	表組み値段	表組みカラー	表組みサイズ
フィールドラベル	商品キャッチフレーズ	商品写真（大）	商品写真（小、左）	商品写真（小、右）	商品値段	商品カラー	商品サイズ
フィールド名	product-lead	product-photo01	product-photo02	product-photo03	product-price	product-color	product-size
フィールドタイプ	テキストエリア	画像	画像	画像	値	テキスト	テキスト
その他	フォーマットを「自動 （改行のみを許可）」に設定	返り値を「画像オブジェクト」に設定	返り値を「画像オブジェクト」に設定	返り値を「画像オブジェクト」に設定	—	フォーマットを「無」に設定	フォーマットを「無」に設定

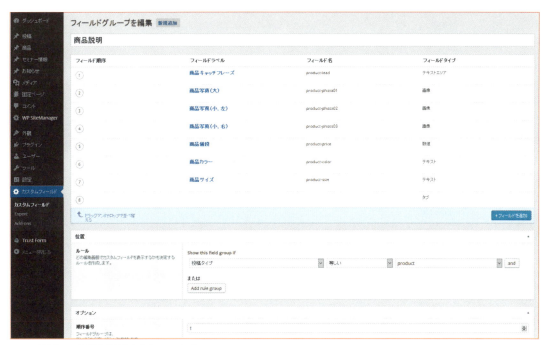

フィールドグループ「商品説明」とそのフィールド

各フィールドの特性を考えながらフィールドを作成します。予期しない表示にならないように、テキストやテキストエリアで改行を許可するかどうか、HTMLを許可するかどうかなど、フォーマットを適切に選択することも大切です。

08 | 03 カスタムフィールドを使って、複雑なページレイアウトを簡単に更新できるようにする

● 共通のHTML部分をテンプレートファイルに記述する

個々の商品個別投稿ページで異なるテキストや画像の部分は、カスタムフィールドで入力することにしたので、残りのHTMLソースは、全ての商品個別投稿ページで共通となります。この共通部分をテンプレートファイルに記述し、Chapter 08の01で紹介したthe_field()やget_field()を使って、カスタムフィールドの情報を表示します。

以下は、カスタムフィールドを表示するようにした商品個別投稿ページのテンプレートファイルです。

CODE 商品個別投稿ページのテンプレートファイル (single-product.php)

```php
<?php
if ( have_posts() ) :
  while ( have_posts() ) :
    the_post();
?>
      <article id="post-<?php the_ID(); ?>" <?php post_class(); ?>>
        <header class="entry-header">
          <h2 class="entry-title"><?php the_title(); ?></h2>
          <p class="product-lead"><?php echo esc_html( get_field( 'product-lead' ) );
?></p>                                                          商品のキャッチフレーズ
          <div class="terms">
<?php
    $terms = get_the_terms( $post->ID, 'type' );
    if ( ! is_wp_error( $terms ) && $terms ) :
      foreach ( $terms as $term ) :
?>
            <span class="label product-<?php echo esc_attr( $term->slug ); ?>"><?php
echo esc_html( $term->name ); ?></span>
<?php
      endforeach;
    endif;
?>
          </div>
        </header>
        <section class="entry-content">
<?php
    $product_photo01 = get_field( 'product-photo01' );    商品写真 (大)
    $product_photo02 = get_field( 'product-photo02' );    商品写真 (小、左)
    $product_photo03 = get_field( 'product-photo03' );    商品写真 (小、右)
?>
          <div class="product-detailed">
            <div class="product-photo">
              <div class="product-photo-big">
<?php
    if ( $product_photo01 ) :
?>
                <img src="<?php echo esc_url( $product_photo01['url'] ); ?>" alt="<?php
echo esc_attr( $product_photo01['alt'] ); ?>">
```

184

08 | 03 カスタムフィールドを使って、複雑なページレイアウトを簡単に更新できるようにする

```php
<?php
    else :
?>
                <img src="<?php echo get_template_directory_uri(); ?>/images/no-
image310.jpg" alt="No image">
<?php
    endif;
?>
            </div>
            <div class="product-photo-small">
```

> 商品写真（大）が
> あれば表示、なけ
> れば no-image 画
> 像を表示

```php
<?php
    if ( $product_photo02 ) :
?>
                <img src="<?php echo esc_url( $product_photo02
['url'] ); ?>" alt="<?php echo esc_attr( $product_photo02['alt'] ); ?>">
<?php
    else :
?>
                <img src="<?php echo get_template_directory_uri(); ?>/
images/no-image156.jpg" alt="No image">
<?php
    endif;
?>
```

> 商品写真（小、左）
> があれば表示、なけ
> れば no-image 画像
> を表示

```php
<?php
    if ( $product_photo03 ) :
?>
                <img src="<?php echo esc_url( $product_photo03['url'] ); ?>" alt="<?php
echo esc_attr( $product_photo03['alt'] ); ?>">
<?php
    else :
?>
                <img src="<?php echo get_template_directory_uri(); ?>/images/no-
image156.jpg" alt="No image">
<?php
    endif;
?>
```

> 商品写真（小、右）が
> あれば表示、なければ
> no-image 画像を表示

```php
            </div>
        </div>
        <div class="product-info">
            <?php the_content(); ?>
        </div>
    </div>
```

> 商品値段、商品カラー、商品
> サイズのいずれかがあれば、
> この後のエリアを出力する

```php
<?php
    if ( get_field( 'product-price' ) || get_field( 'product-color' ) || get_field(
'product-size' ) ) :
?>
            <h2>商品詳細</h2>
            <table class="details">
<?php
    if ( get_field( 'product-price' ) ) :
```

185

08 | 03　カスタムフィールドを使って、複雑なページレイアウトを簡単に更新できるようにする

```php
?>
            <tr>
              <th>値段</th>
              <td><?php echo esc_html( get_field( 'product-price' ) ); ?>円</td>
            </tr>
<?php
    endif;
```
→ 商品値段があれば表示

```php
    if ( get_field( 'product-color' ) ) :
?>
            <tr>
              <th>カラー</th>
              <td><?php echo esc_html( get_field( 'product-color' ) ); ?></td>
            </tr>
<?php
    endif;
```
→ 商品カラーがあれば表示

```php
    if ( get_field( 'product-size' ) ) :
?>
            <tr>
              <th>サイズ</th>
              <td><?php echo esc_html( get_field( 'product-size' ) ); ?></td>
            </tr>
<?php
    endif;
```
→ 商品サイズがあれば表示

```php
?>
          </table>
<?php
    endif;
?>
          <p class="right"><a href="/product/">商品一覧へ</a></p>
        </section>
      </article>
<?php
  endwhile;
endif;
?>
```

⬤ カスタムフィールドを利用したページ作成のヒント

　　カスタムフィールドは、個別投稿ページに表示するだけではなく、様々な使い方ができます。アーカイブやトップページに表示するためのカスタムフィールドを作成したり、特定のカスタムフィールドに値を持つ記事だけを表示するということもできます。また、カテゴリーの管理画面に画像フィールドを追加して、カテゴリーのサムネイルとして利用することもできます。

08 | 03 カスタムフィールドを使って、複雑なページレイアウトを簡単に更新できるようにする

COLUMN

Google Mapsの挿入を簡単にするプラグイン「Simple Map」

「Simple Map」は、ショートコードでGoogle Mapsを表示できるプラグインです。レスポンシブ・ウェブデザインにも対応しています。以下のように、住所を指定したショートコードを書くだけです。

[map addr="東京都千代田区永田町1-7"]

または

[map]東京都千代田区永田町1-7[/map]

バージョン0.6.0からはoEmbedに対応したので、Google MapsのURLを貼り付けるだけでも地図を挿入できるようになり、マイマップや複数ピンを立てた地図の表示も容易にできるようになりました。

サンプルサイトでセミナー情報の地図を表示した例

CHAPTER 09 SECTION 01 カスタムメニューを理解する

カスタムメニューを利用する

> カスタムメニューは、WordPressの管理画面で直感的に操作できるメニューです。ここではTwenty Sixteenを例に、カスタムメニューの特徴と使い方を説明します。

○ カスタムメニューとは

　カスタムメニューは管理画面から直感的に操作でき、ページの任意の場所に表示することのできるメニューです。

　wp_list_pages()などのテンプレートタグを使ってメニューを作ることもできますが、固定ページとカテゴリーのリストを混在させたり、表示の順序や階層構造を自由に決めることはできません。そのようなときに、カスタムメニューを使うと、直感的な操作でメニューを作成することができます。

カスタムメニューを作成する方法

　カスタムメニューの作成は、管理画面の［外観］＞［メニュー］の［メニューを編集］タブで行います。［新規メニュー作成］でメニューに名前を付けてメニューを作成します。

　固定ページなどが並ぶ、左のセレクトメニューからメニューに表示させる項目を選択し、［メニューに追加］ボタンをクリックしてメニューに追加します。

188

09 | 01　カスタムメニューを理解する

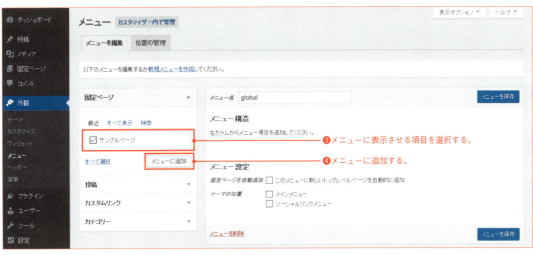

表示させるアイテムを選択し、[メニューに追加]ボタンをクリックしてメニューに追加する。

右の「メニュー構造」に追加したメニューの項目が表示される

　1つのカスタムメニューの中には、固定ページ、個別投稿ページ、カテゴリーやタグのアーカイブページ、任意のリンク先（外部リンクやサイト内の特定のページ）を混在させることができます。メニューに追加したアイテムは、ドラッグで順番を入れ替えたり、階層構造を作ることもできます。

09 | 01　カスタムメニューを理解する

1つのカスタムメニューの中には、固定ページ、個別投稿ページ、カテゴリーやタグのアーカイブページ、リンクを混在させることが可能

　初期設定のままにしておくと、固定ページや個別投稿ページではページのタイトルが、カテゴリーやタグのアーカイブページではカテゴリー名やタグ名が、そのままメニューのラベルとして利用されます。それらの名前が長すぎる場合など、メニューに適した表記にしたい場合には、［ナビゲーションラベル］に表示したいメニューのラベルを入力します。

メニューのラベルを変更する場合は、［ナビゲーションラベル］に表示させたい文字列を入力する。

09 | 01　カスタムメニューを理解する

カスタム投稿タイプのアーカイブページをメニューに追加する

　カスタム投稿タイプの個別投稿ページはアイテムの選択肢に表示されますが、アーカイブページは選択肢に表示されません。追加したい場合は［リンク］を使って追加することができます。

カスタム投稿タイプのアーカイブページは、［リンク］を使って追加する。

カスタムメニューの表示位置を決める

　テーマでカスタムメニューを配置する場所を意味する［テーマの位置］が定義されていれば、［位置の管理］タブにカスタムメニューが配置可能な位置がリストアップされるので、どの位置にどのカスタムメニューを表示するかを選択します。

　カスタムメニューは複数作ることができるので、複数のメニューを指定した位置に表示することができます。

プルダウンメニューから、表示したいカスタムメニューを選択する。

　次のChapter 09の02では、テーマの位置の定義とメニューの表示方法を説明します。

CHAPTER **09** SECTION **02** カスタムメニューを利用する

カスタムメニューの位置を定義して表示する

サイトでカスタムメニューを使用するには、テーマにカスタムメニューを配置する位置の定義が必要です。ここではサンプルテーマを例に、テーマでカスタムメニューを配置する位置の定義と、カスタムメニューを表示する方法を説明します。

● カスタムメニューの位置を定義する

カスタムメニューをテーマで使えるようにするには、functions.phpでregister_nav_menus()を使いカスタムメニューが配置可能な位置の定義をする必要があります。register_nav_menus()の$locationsパラメータに設定した文字列が、管理画面の［外観］＞［メニュー］の［位置の管理］タブにおいて、［テーマの位置］として表示されます。

▼カスタムメニューの位置を定義するコード

```php
<?php register_nav_menus( $locations ); ?>
```

register_nav_menus()は、テーマの初期設定で行うbourgeon_setup()の中に記述します。配列を使って複数の［テーマの位置］を定義することができます。

CODE　カスタムメニューの位置を定義する (functions.php)

```php
(略)

//================================================================
// 1. Theme set up
//================================================================
if ( ! function_exists( 'bourgeon_setup' ) ) {   ●❶
  function bourgeon_setup() {   ●❷

(略)

    // カスタムメニューの位置を定義します
    register_nav_menus(
      array(
        'utility' => 'ユーティリティナビ',
        'global'  => 'グローバルナビ',      ❸
        'footer'  => 'フッターナビ',
      )
    );

(略)

}
add_action( 'after_setup_theme', 'bourgeon_setup' );   ●❹

(略)
```

192

09 | 02　カスタムメニューの位置を定義して表示する

❶ bourgeon_setup()がない場合にbourgeon_setup()を読み込む。このように記述しておくと、子テーマでbourgeon_setup()を定義すれば、上書きすることができる。
❷ 関数bourgeon_setup()を定義する。
❸ register_nav_menus()を使ってカスタムメニューの［テーマの位置］を定義する。
❹ after_setup_themeでbourgeon_setup()が実行されるようにアクションフックを追加する。

［位置の管理］タブの［テーマの位置］に、定義した位置が表示されている。

> **MEMO**
> register_nav_menus()で位置を定義した場合には、add_theme_support('menus')を同時に書く必要はありません。

●カスタムメニューを表示する

　カスタムメニューを表示するには、テンプレートタグwp_nav_menu()を任意のテーマファイルに記述します。wp_nav_menu()のパラメータで、register_nav_menus()で定義した位置、メニューを囲むHTMLタグ、表示するメニューの階層などを指定します。

CODE　カスタムメニューを表示する（header.php）

```
（略）

  <nav id="global-navigation">
<?php
wp_nav_menu(
  array(
    'theme_location'  => 'global',       ❷
    'container'       => 'div',          ❸
    'container_class' => 'inner',        ❹
    'depth'           => 1,              ❺
  )                                       ❶
);
?>
```

193

| 09 | 02 | カスタムメニューの位置を定義して表示する |

```
  </nav>

（略）
```

❶ カスタムメニューを表示する。
❷ theme_locationパラメータで、「global」（グローバルナビ）を指定する。
❸ containerパラメータで、メニューを囲むHTMLタグに「div」を指定する。
❹ container_idパラメータで、❸で指定したタグに付与するid「global-nav」を指定する。
❺ このグローバルメニューには階層を持たせないのでdepthパラメータを「1」にする。

▼ 上記コードの出力結果

```
<nav id="global-navigation">
  <div class="inner">
    <ul id="menu-global" class="menu">
      <li id="menu-item-147" class="menu-item menu-item-type-post_type menu-item-object-
page current-menu-item page_item page-item-6 current_page_item menu-item-147"><a
href="http://www.example.com/">HOME</a></li>
      <li id="menu-item-145" class="menu-item menu-item-type-post_type menu-item-object-
page menu-item-145"><a href="http://www.example.com/about-products/">製品について</a></li>
      <li id="menu-item-2196" class="menu-item menu-item-type-custom menu-item-object-
custom menu-item-2196"><a href="/product/">商品一覧</a></li>
      <li id="menu-item-2197" class="menu-item menu-item-type-custom menu-item-object-
custom menu-item-2197"><a href="/seminar/">セミナー情報</a></li>
      <li id="menu-item-146" class="menu-item menu-item-type-post_type menu-item-object-
page menu-item-146"><a href="http://www.example.com/company/">会社概要</a></li>
      <li id="menu-item-144" class="menu-item menu-item-type-post_type menu-item-object-
page menu-item-144"><a href="http://www.example.com/contact/">お問い合わせ</a></li>
      <li id="menu-item-143" class="menu-item menu-item-type-post_type menu-item-object-
page menu-item-143"><a href="http://www.example.com/blog/">ブログ</a></li>
    </ul>
  </div>
</nav>
```

　各メニュー項目に固有のidと、様々なclassが追加されています。これらを利用して、カスタムメニューをデザインすることができます。詳細は、Chapter 09の03で説明します。

●カスタムメニューをウィジェットで表示する

　カスタムメニューは、ウィジェットを使用して表示することもできます。ウィジェットについては、Chapter 10で詳しく説明します。
　管理画面の［外観］＞［ウィジェット］で、ウィジェットエリアに［カスタムメニュー］ウィジェットを追加し、表示するカスタムメニューを選択します。

09 | 02 カスタムメニューの位置を定義して表示する

ウィジェットエリアに［カスタムメニュー］ウィジェットを追加する。

表示するカスタムメニューを選択する。

サイドバーに選択したカスタムメニューが表示される。

CHAPTER | SECTION | カスタムメニューを利用する

09 | 03　カスタムメニューをデザインする

> カスタムメニューをデザインするには、通常、デフォルトで追加されるclassを使います。その他、管理画面から、任意のclassを追加することができます。このidとclassを利用して、デザインを変更する方法を説明します。

● カスタムメニューにデフォルトで追加されるclass

Chapter 09の02で紹介した、wp_nav_menu()を使ったカスタムメニューの出力結果を見るとわかるように、各メニュー項目に固有のid（「menu-item-{id}」という形式）と多くのclassが追加されます。以下は、主なclassです。詳しくは、Codexのwp_nav_menu()のページで確認してください。

> **MEMO**
>
> Codexのwp_nav_menu()のページ
> http://wpdocs.osdn.jp/テンプレートタグ/wp_nav_menu

▼カスタムメニューに追加される主なclass

class	説明
menu-item	全てのメニュー項目に共通で与えられる。
menu-item-object-{object}	全てのメニュー項目に追加され、表示しているページの種類によって、{object}の部分にカテゴリー、タグ、固定ページ、またはカスタム投稿タイプ名やカスタム分類名が入る。
current-menu-item	現在表示しているページのメニュー項目に追加される。
current-menu-parent	現在表示しているページの親ページにあたる項目に追加される。
current-menu-ancestor	現在表示しているページの祖先ページにあたる項目に追加される。
menu-item-home	トップページの項目に追加される。

これらのclassを利用して、カスタムメニューをデザインします。例えば、現在表示しているページの項目には「current-menu-item」というclassが追加されるので、次のようにCSSを設定することで、現在表示しているページの項目をわかりやすくすることができます。

▼現在表示しているページの項目の文字色を青色にする

```
#global-navigation .current-menu-item a{
  color: #6a9cd1;
}
```

Bourgeon

Bourgeonはテーマ学習のためのシンプルなサンプルサイトです

HOME　製品について　商品一覧　セミナー情報　会社概要　お問い合わせ　ブログ

トップ >商品一覧

表示しているページのメニューの文字色が変更される。

09 | 03 カスタムメニューをデザインする

● カスタムメニューに任意のclassを追加する

カスタムメニューに任意のclassを追加することができます。通常のカスタムメニューの設定項目は、［ナビゲーションラベル］と［タイトルの属性］のみですが、表示オプションで［CSSクラス］を選択すると、［CSS class］欄が表示されます。ここに追加したいclassを入力します。

▼classを追加しメニューを保存する.と、HTMLのソースにはclassが追加されている
```
<nav id="global-navigation">
  <div class="inner">
    <ul id="menu-global" class="menu">
      <li id="menu-item-147" class="nav-home menu-item menu-item-type-post_type menu-item-object-page current-menu-item page_item page-item-6 current_page_item menu-item-147"><a href="http://www.example.com/">HOME</a></li>
      <li id="menu-item-145" class="nav-product menu-item menu-item-type-post_type menu-item-object-page menu-item-145"><a href="http://www.example.com/about-products/">製品について</a></li>
      <li id="menu-item-2196" class="menu-item menu-item-type-custom menu-item-object-custom menu-item-2196"><a href="/product/">商品一覧</a></li>
```

09 | 03　カスタムメニューをデザインする

あらかじめ追加されるclassと、追加できるclassを理解してHTMLとCSSのコーディングをすると、効率よくテーマを作ることができます。

● カスタムメニューを画像に置き換える

カスタムメニューを画像で表示してみましょう。以下は、CSSスプライトを利用する例です。メニューの項目それぞれにclassを追加し、スタイルをあてています。CSSによる画像置き換え方法は色々とありますが、ここでは「display:none;」を使っています。そのためwp_nav_menu()のパラメータlink_beforeとlink_afterを使って、メニュー項目をspan要素で囲んでいます。

▼ メニュー項目をspan要素で囲む

```
wp_nav_menu(
  array(
    'theme_location'  => 'global',
    'container'       => 'div',
    'container_class' => 'inner',
    'depth'           => 1,
    'link_before'     => '<span>',
    'link_after'      => '</span>',
  )
);
```

▼ 上記コードの出力結果

```
<li><a href="http://example.co.jp/"><span>HOME</span></a></li>
```

CODE　画像で表示するためのCSSコード (style.css)

```
#global-navigation {
  border-top: none;
  border-bottom: none;
}
#global-navigation #menu-global {
  margin: 0;
}
#global-navigation li {
  float: left;
  padding: 0;
  margin-right: 0;
}

#global-navigation a {
  display: block;
  width: 150px;
  height: 50px;
  background: url(/wp-content/themes/bourgeon/images/nav_bg.png) no-repeat;
}
```

198

09 | 03 カスタムメニューをデザインする

```css
#global-navigation li:last-child a {
  width: 100px;
}
#global-navigation a span {
  display: none;
}

#global-navigation .nav-home a {
  background-position: 0 0;
}
#global-navigation .nav-product a {
  background-position: -150px 0;
}
#global-navigation .nav-products a {
  background-position: -300px 0;
}
#global-navigation .nav-seminar a {
  background-position: -450px 0;
}
#global-navigation .nav-company a {
  background-position: -600px 0;
}
#global-navigation .nav-contact a {
  background-position: -750px 0;
}
#global-navigation .nav-blog a {
  background-position: -900px 0;
}

#global-navigation .nav-home a:hover {
  background-position: 0 -50px;
}
#global-navigation .nav-product a:hover {
  background-position: -150px -50px;
}
#global-navigation .nav-products a:hover {
  background-position: -300px -50px;
}
#global-navigation .nav-seminar a:hover {
  background-position: -450px -50px;
}
#global-navigation .nav-company a:hover {
  background-position: -600px -50px;
}
#global-navigation .nav-contact a:hover {
  background-position: -750px -50px;
}
#global-navigation .nav-blog a:hover {
  background-position: -900px -50px;
}
```

09 | 03　カスタムメニューをデザインする

```
#global-navigation .nav-home.current-menu-item a {
  background-position: 0 -100px;
}
#global-navigation .nav-product.current-menu-item a {
  background-position: -150px -100px;
}
#global-navigation .nav-products.current-menu-item a:hover {
  background-position: -300px -100px;
}
#global-navigation .nav-seminar.current-menu-item a:hover {
  background-position: -450px -100px;
}
#global-navigation .nav-company.current-menu-item a:hover {
  background-position: -600px -100px;
}
#global-navigation .nav-contact.current-menu-item a:hover {
  background-position: -750px -100px;
}
#global-navigation .nav-blog.current-menu-item a:hover {
  background-position: -900px -100px;
}
```

カスタムメニューを画像で表示した結果

　このようにデフォルトのclass、管理画面から追加できるclass、wp_nav_menu()のパラメータの工夫で、様々なデザインを適用することができます。デフォルトテーマではドロップダウンメニューやレスポンシブWebデザインに対応したメニューになっているので参考にするとよいでしょう。

CHAPTER **10** | SECTION **01**

ウィジェットを利用する

ウィジェットを理解する

ここでは、ウィジェットの特徴と使い方を説明します。

ウィジェットとは

ウィジェットとは、記事とは独立した、様々な機能を持つ部品のようなものです。管理画面から追加し、テーマに記述することで、任意の場所に表示させることができます。

ウィジェットの種類

デフォルトで用意されているウィジェットには、次のようなものがあります。これらの他にも、プラグインやテーマによって追加されるウィジェットもあります。

▼ デフォルトで用意されている主なウィジェットとclass

ウィジェット	内容	class
アーカイブ	投稿の月別アーカイブを表示する。	widget_archive
カレンダー	投稿のカレンダーを表示する。	widget_calendar
カスタムメニュー	カスタムメニューを表示する。	widget_nav_menu
カテゴリー	カテゴリーをリストまたはドロップダウン形式で表示する。	widget_categories
固定ページ	固定ページをリストで表示する。	widget_pages
最近のコメント	最近のコメントを表示する。	widget_recent_comments
最近の投稿	投稿を新しい順にリスト表示する。	widget_recent_entries
RSS	RSS ／ Atomフィードを読み込んで表示する。	widget_rss
検索	検索フォームを表示する。	widget_search
タグクラウド	タグクラウドを表示する。	widget_tag_cloud
テキスト	任意のテキストとHTMLを表示する。	widget_text
メタ情報	ログイン／ログアウト、管理、フィードとWordPressのリンクを表示する。	widget_meta

ウィジェットの使い方

ウィジェットは、管理画面の［外観］＞［ウィジェット］で管理します。ウィジェットを使用するには、［利用できるウィジェット］エリアにあるウィジェットを、右側にあるウィジェットエリアにドラッグ＆ドロップします。そして、各ウィジェットの設定欄を開き、タイトルや表示内容などを設定し、保存します。

使用しないウィジェットはウィジェットエリアからドラッグして外に出すか、［使用停止中のウィジェット］エリアにドラッグ＆ドロップします。［使用停止中のウィジェット］エリアにド

10 | 01　ウィジェットを理解する

ラッグしたものは、設定内容が保存されたままの状態になるので、再び利用する可能性のあるもののはここに置いておくとよいでしょう。

Twenty Sixteenのウィジェットの管理画面。使用するウィジェットをウィジェットエリアにドラッグ＆ドロップする。

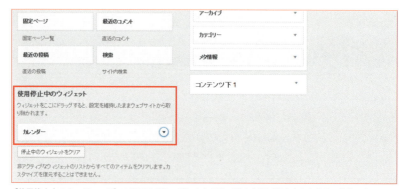

［使用停止中のウィジェット］エリアにドラッグしたものは、設定内容が保存されたままの状態になる。

ウィジェットエリアに入れただけでウィジェットは表示されるようになるが、設定に関しては「保存」しないと反映されないので注意が必要

CHAPTER	SECTION	ウィジェットを利用する
10	**02**	

ウィジェットを利用できるようにする

ウィジェットを使用するには、テーマでウィジェットを使えるように設定する必要があります。ここでは、テーマでウィジェットを定義・表示する方法を説明します。

● サイドバー（ウィジェットエリア）を定義する

ウィジェットを使えるようにするには、まず、テーマ内のfunctions.phpでサイドバーを定義する必要があります。ここでいうサイドバーとは、メインコンテンツの脇に表示するサイドバーのことではなく、ウィジェットを表示するエリアのことを指します。

register_sidebar()のパラメータにサイドバーの名前や、ウィジェットの前後に挿入する文字列などを指定します。ここで設定したサイドバーの名前が、管理画面の［外観］＞［ウィジェット］に、ウィジェットエリアとして表示されます。

CODE サイドバーを定義する（functions.php）

```php
（略）

//===============================================================
// 3. Register sidebar
//===============================================================

function bourgeon_widgets_init() {                    ❶
  register_sidebar(                                    ❷
    array(
      'name'            => 'サイドバーウィジェットエリア',   ❸
      'id'              => 'primary-widget-area',       ❹
      'description'     => 'サイドバーのウィジェットエリア',  ❺
      'before_widget'   => '<aside id="%1$s" class="widget-container %2$s">',  ❻
      'after_widget'    => '</aside>',                  ❼
      'before_title'    => '<h3 class="widget-title">', ❽
      'after_title'     => '</h3>',                     ❾
    )
  );

（略）

}
add_action( 'widgets_init', 'bourgeon_widgets_init' );  ❿

（略）
```

❶ サイドバーを登録するための関数を定義する。
❷ register_sidebar()でサイドバーを登録する。
❸ サイドバーの名前
❹ サイドバーのID
❺ 管理画面の［外観］＞［ウィジェット］のウィジェットエリア内に表示される説明文
❻ ウィジェットの前に挿入する文字列

203

10 | 02　ウィジェットを利用できるようにする

❼ ウィジェットの後に挿入する文字列
❽ ウィジェットタイトルの前に挿入する文字列
❾ ウィジェットタイトルの後に挿入する文字列
❿ widgets_init で bourgeon_widgets_init() が実行されるようにアクションフックを追加する。

複数のサイドバーを作成したい場合は、必要な数だけ register_sidebar() で定義します。

サイドバーを定義した結果

● サイドバーを表示する

ウィジェットを表示するには任意のテーマファイルにテンプレートタグ dynamic_sidebar() を記述し、パラメータに register_sidebar() で指定した name もしくは id の値を指定します。

また、ウィジェットがないときの表示についても適切に設定しておく必要があります。サイドバーにウィジェットが設定されているかを真偽値で返す条件分岐タグ is_active_sidebar() と組み合わせて記述します。

次の例では、サイドバーをメインコンテンツ脇に表示させるため、sidebar.php に記述しています。

CODE　サイドバーを表示する（sidebar.php）

```
（略）

<?php
if ( is_active_sidebar( 'primary-widget-area' ) ) :        ❶
?>
        <div id="secondary" class="widget-area">
<?php
  dynamic_sidebar( 'primary-widget-area' );               ❷
?>
        </div>
<?php
endif;
?>

（略）
```

❶ サイドバー（この例では primary-widget-area という名前、もしくは ID）にウィジェットが設定されているかを判定する。
❷ サイドバーを表示する。この例ではサイドバーにウィジェットが設定されていないときは、サイドバーを囲む div ごと表示しないようになっている。

204

dynamic_sidebar()という名前のテンプレートタグで表示させることから、Webページの両サイドに表示するイメージが強くなりがちですが、ウィジェットは、実際にはどこにでも表示することができます。

自由に記述できるおすすめコンテンツのエリア、フッターにナビゲーションなどの情報を追加するエリアとしてなど、活用法は様々です。

COLUMN

ウィジェットに簡単に画像を挿入するプラグイン「Image Widget」

ウィジェットエリアに画像を表示したい場合、テキストウィジェットにimgタグを記述すれば可能ですが、画像のアップロード、imgタグの挿入など、少し手間がかかります。そのようなときに、ウィジェットで簡単に画像を表示できるようにしてくれるのが、「Image Widget」というプラグインです。頻繁に変更するバナーなどは、このプラグインを使うことで更新が楽にできるようになります。

Image Widgetプラグインを有効化すると［画像ウィジェット］ウィジェットが追加される。［画像を選択］ボタンから画像を選択、またはアップロードする。

［タイトル］［代替テキスト］［キャプション］などを入力する。画像のサイズや表示位置を選択し、保存する。画像にリンクを貼ることも可能。

CHAPTER 11　SECTION 01　WordPressループを活用する

メインループを理解する

Chapter 04の01では、「WordPressループ」という記事を表示する仕組みを紹介しました。WordPressループには「メインループ」と「サブループ」があります。ここでは、メインループについて説明します。

◯ メインループとは

WordPressが記事を表示するまでの流れ

　WordPressでは、ユーザーがブラウザからアクセスし、URLがリクエストされると、次の図のようなルールでデータベースから情報を取得してきます。つまり、ページがどの情報を表示するのかはそのURLのリクエスト内容によって決まるのです。

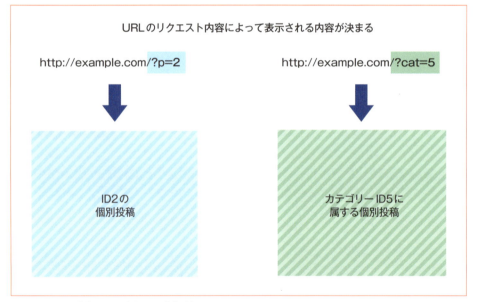

URLのリクエスト内容によって表示される内容が決まる。

　その流れを細かく見ると、次の図のようになっています。❶から❹までのページの情報を取得するための命令を「メインクエリー」といいます。注意しておきたいのは、「メインクエリーでデータベースから情報を取得してくる」という処理は、テンプレートファイルを呼び出す前に終わっているということです。
　そして、テンプレートファイル内のWordPressループで記事を表示します。このメインクエリーで取得した情報を表示するWordPressループのことを「メインループ」と呼びます。

11 | 01　メインループを理解する

URLのリクエストから、ブラウザでページが表示されるまでの流れ

11 | 01　メインループを理解する

メインループを記述する

Chapter 04の01で説明したWordPressループがメインループです。

▼ メインループの例

```php
<?php
if ( have_posts() ) :
  while ( have_posts() ) :
    the_post();
?>
<!--ループの内容を記述 -->
<?php
  endwhile;
endif; ?>
```

WordPressループを書くだけで適切な情報が表示できるのは、WordPressの記事を表示する仕組みによるものです。

● メインループの表示内容を変える場合はメインクエリーの条件を変更する

WordPressのデフォルトでは、一覧ページ1ページあたりに表示する記事件数は10件です。管理画面で表示件数を変えることはできますが、その設定は全てのアーカイブページに適用されます。

しかし、クライアントワークでは、特定のカテゴリーアーカイブページだけ表示件数を変更したいといった要望も出てきます。

特定のページにおいてメインループの表示内容を変更したい場合には、テンプレートファイルの記述でメインループの表示内容を変更するのではなく、メインクエリーで情報を取得する際の条件そのものを変更します。

これは、テンプレートファイルでメインループで表示する内容を変更した場合、ページングが正しく働かなくなったり、データベースに不要な負荷をかけてしまうためです。

メインクエリーの条件を変更する

メインクエリーで情報を取得する条件を変更するためには、メインクエリーにおいてWordPressがデータベースから情報を取得する前に条件に変更を加える必要があります。pre_get_postsは、WordPressがデータベースから情報を取得する直前に実行されるアクションフックです。

しかし、pre_get_posts へのフックだけでは、管理画面の投稿一覧など、メインクエリー以外のクエリーにも影響を与えてしまいます。そこで、管理画面を表示しているかを判定するis_admin()、そのクエリーがメインクエリーであるかどうかを判定するis_main_query()と合わせて、メインクエリーのときにのみ適用させるようにしなければなりません。

メインクエリーの条件を変更するための基本的なコードは以下の通りで、functions.phpに記述します。

11 | 01　メインループを理解する

▼メインクエリーの条件を変更する例 (functions.php)

```php
function function_name( $wp_query ) {
  if ( ! is_admin() && $wp_query->is_main_query() ) {        ❶
    if ( クエリーの変更を適用する条件 ) {                      ❷
      $wp_query->set( 変更する条件 );                         ❸
    }
  }
}
add_action( 'pre_get_posts', 'function_name' );              ❹
```

❶ 管理画面ではないか、メインクエリーであるかどうか調べる。
❷ クエリーの変更を適用する条件を条件分岐タグで指定する。
❸ 変更する条件をセットする。
❹ pre_get_posts で function_name() が実行されるようにアクションフックを追加する。

　メインクエリーの条件が変更される範囲を限定したい場合は、条件分岐によって特定条件のときにのみメインクエリーの条件が変更されるようにします。

▼pre_get_posts で使える主な条件分岐タグ

条件	条件分岐タグの書き方
カテゴリーアーカイブ	$wp_query->is_category()
タグアーカイブ	$wp_query->is_tag()
タクソノミーアーカイブ	$wp_query->is_tax()
固定ページ	$wp_query->is_page()
個別投稿ページ	$wp_query->is_single()
指定した投稿タイプのアーカイブ	$wp_query->is_post_type_archive()
指定した投稿タイプの個別投稿ページ	$wp_query->is_singular()

カスタム投稿タイプ「商品」のアーカイブページの表示件数を変更する

　サンプルサイトのカスタム投稿タイプ「商品」のアーカイブページの1ページあたりの表示件数を4件に変更する方法を説明します。

CODE　カスタム投稿タイプ「商品」のアーカイブページの表示件数を変更する (functions.php)

```php
function bourgeon_archive_product_four_articles( $wp_query ) {
  if ( ! is_admin() && $wp_query->is_main_query() ) {
    if ( $wp_query->is_post_type_archive( 'product' ) ) {     ❶
      $wp_query->set( 'posts_per_page', 4 );                  ❷
    }
  }
}
add_action( 'pre_get_posts', 'bourgeon_archive_product_four_articles' );
```

❶ 投稿タイプが「商品」のアーカイブの場合
❷ 1ページあたりの記事の表示件数を4件にする。

　カスタム投稿「商品」のアーカイブのメインクエリーの条件を変更しているので、テンプレートファイルの WordPress ループに変更を加える必要はありません。

209

CHAPTER 11 / SECTION 02

WordPressループを活用する

サブループを理解する

メインループによる表示の他に、最新の投稿をサイドバーに表示したいといったケースがあります。ここでは、そのようなときに使う「サブループ」について説明します。

● サブループとは

下図のようにメインループの他に他の個別投稿の情報も表示したいということはよくあることです。メインループで表示される以外の情報を表示させるためには、「サブループ」を利用します。

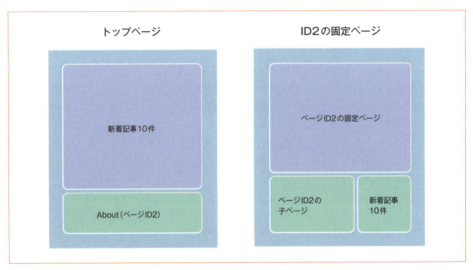

メインクエリーの情報（紫）はメインループで表示し、他の個別投稿の情報（緑）はサブループで表示する

サブループとは、メインループとは別に作成が可能なWordPressループのことです。サブループを作成するためには、サブループで表示する内容に則した条件のクエリーを作成する必要があります。これを「サブクエリー」といいます。サブクエリーの作成には、WP_Query()を用います。サブクエリーとサブループを利用する基本的なコードは以下の通りです。

▼サブループの例

```
<?php
$query = new WP_Query( $args );
if ( $query->have_posts() ) :           ―❶
  while ( $query->have_posts() ) :      ―❷
    $query->the_post();
?>
<!--ループの内容を記述 -->
<?php
```

11 | 02 サブループを理解する

```
  endwhile;
endif;
wp_reset_postdata();  ●────③
?>
```

❶ 新しいクエリーオブジェクトを作成する。
❷ 新しいループを開始し、サブクエリーによって取得したデータを表示する。ループ内の記述方法は、メインループと同じ。
❸ サブクエリーの投稿データをリセットし、メインクエリーに戻す。

WP_Query()のパラメータには以下のようなものがあります。詳しくはWordPress Codexで確認してください（http://wpdocs.osdn.jp/関数リファレンス/WP_Query）。

▼WP_Query()の主なパラメータ

	パラメータ	説明	記述例
カテゴリー	cat	カテゴリー ID	$query = new WP_Query('cat=2');
	category_name	カテゴリースラッグ	$query = new WP_Query('category_name=book');
	category__and	カテゴリー IDの配列 （全てに含まれる）	$query = new WP_Query(array('category__and' => array(2, 4)));
	category__in	カテゴリー IDの配列 （いずれかに含まれる）	$query = new WP_Query(array('category__in' => array(2, 4)));
	category__not_in	カテゴリー IDの配列 （いずれにも含まれない）	$query = new WP_Query(array('category__not_in' => array(2, 4)));
タグ	tag	タグスラッグ	$query = new WP_Query('tag=food');
	tag_id	タグ ID	$query = new WP_Query('tag_id=10');
	tag__and	タグ IDの配列 （全てに含まれる）	$query = new WP_Query(array('tag__and' => array(10, 24)));
	tag__in	タグ IDの配列 （いずれかに含まれる）	$query = new WP_Query(array('tag__in' => array(10, 24)));
	tag__not_in	タグ IDの配列 （いずれにも含まれない）	$query = new WP_Query(array('tag__not_in' => array(10, 24)));
個別投稿＆ 固定ページ	p	投稿のID	$query = new WP_Query('p = 5');
	name	投稿のスラッグ	$query = new WP_Query('name=about-mydog');
	page_id	固定ページのID	$query = new WP_Query('page_id=9');
	pagename	固定ページのスラッグ	$query = new WP_Query('pagename=about');
	post_parent	親ページのID	$query = new WP_Query('post_parent=35');
	post__in	投稿のIDの配列 （いずれかに含まれる）	$query = new WP_Query(array('post__in' => array(5, 11, 18, 26, 40)));
	post__not_in	投稿のIDの配列 （いずれにも含まれない）	$query = new WP_Query(array('post__not_in' => array(5, 11, 18, 26, 40)));
ページ送り	posts_per_page	1ページあたりの 表示件数	$query = new WP_Query('posts_per_page=5');

CHAPTER	SECTION	WordPressループを活用する
11	03	**トップページに様々な情報を読み込んで表示する**

トップページでは、一般的に様々なページの情報を掲載します。メインループとサブループを使って、トップページに様々な情報を読み込んでみましょう。

◎ トップページの構成

サンプルサイトのトップページの構成を見てみます。新着商品、セミナー情報、ニュース、ブログ新着記事といったコーナーがあります。これらはメインループで表示される情報ではないので、サブループを使って表示させます。

サンプルサイトのトップページ

◎「新着商品」を表示する

「新着商品」コーナーは、カスタム投稿タイプ「商品」の記事を新着順に4件表示します。タイトルと、カスタムフィールド「product-photo01」に登録した写真を表示しています。写真は、トップページ用に自動生成したサイズ（medium_thumbnail）を取得して表示させています。

11 | 03 トップページに様々な情報を読み込んで表示する

CODE トップページの「新着商品」(front-page.php)

```php
(略)
<?php
$args = array(
  'post_type'      => 'product',
  'posts_per_page' => 4,
);
$product_posts = new WP_Query( $args );
if ( $product_posts->have_posts() ) :
?>
      <article class="product">
        <div class="cf">
          <h2>新着商品</h2>
<?php
  while ( $product_posts->have_posts() ) :
    $product_posts->the_post();
?>
          <div class="product-list">
            <a href="<?php the_permalink(); ?>">
              <div class="product-info">
                <h3><?php the_title(); ?></h3>
                <div class="product-image">
<?php
    $product_photo = get_field( 'product-photo01' );   ❶
    $product_photo_thum = $product_photo['sizes'];
    if ( get_field( 'product-photo01' ) ) :
?>
                  <img src="<?php echo esc_url( $product_photo_thum['medium_thumbnail']
); ?>" alt="<?php echo esc_attr( $product_photo['alt'] ); ?>" >   ❷
<?php
    else :
?>
                  <img src="<?php echo get_template_directory_uri(); ?>/images/no-
image240.png" alt="準備中">
<?php
    endif;
?>
                </div>
              </div>
            </a>
          </div>
<?php
  endwhile;
  wp_reset_postdata();
?>
        </div>
        <p class="right"><a href="/product/">商品一覧を見る</a></p>
      </article>
<?php
```

213

11 | 03 トップページに様々な情報を読み込んで表示する

```
endif;
?>
（略）
```

❶ カスタムフィールド「product-photo01」に登録した写真の情報を取得する。
❷ 取得した情報から「medium_thumbnail」のサイズのものを表示する。

●「セミナー情報」を表示する

「セミナー情報」コーナーは、カスタム投稿タイプ「セミナー情報」の記事を新着順に4件表示します。カスタム分類targetの情報を取得して、アイコン風に表示します。また、表示する日付は記事の公開日時ではなく、カスタムフィールドseminar-dateに登録した開講日を表示しています。

CODE トップページの「セミナー情報」（front-page.php）

```php
（略）
<?php
$args = array(
  'post_type'       => 'seminar',
  'posts_per_page' => 4,
);
$seminar_posts = new WP_Query( $args );
if ( $product_posts->have_posts() ) :
?>
      <article  class="seminar">
          <h2>セミナー情報</h2>
          <dl>
<?php
  while ( $seminar_posts->have_posts() ) :
    $seminar_posts->the_post();
    $terms = get_the_terms( $post->ID, 'target' );      ●❶
?>
          <dt>
<?php
  if ( ! is_wp_error( $terms ) && $terms ) :
    foreach ( $terms as $term ) :
?>
          <span class="label seminar-<?php echo $term->slug; ?>"><?php echo $term-
>name; ?></span>      ●❷
<?php
    endforeach;
  endif;
  if ( get_field( 'seminar-date' ) ) :
?>
          <span class="date">開講日：<?php echo esc_html( get_field( 'seminar-date' ) );
?></span>      ●❸
<?php
  endif;
?>
```

214

11 | 03　トップページに様々な情報を読み込んで表示する

```
            </dt>
            <dd><a href="<?php the_permalink(); ?>"><?php the_title(); ?></a></dd>
<?php
  endwhile;
  wp_reset_postdata();
?>
          </dl>
        </article>
<?php
endif;
?>
(略)
```

❶❷ カスタム分類「target」の情報を取得してアイコンのように表示する。
❸ 開講日のカスタムフィールド「seminar-date」の値を取得して表示する。

●「ニュース」を表示する

　「ニュース」コーナーは、読み込み専用のカスタム投稿タイプ「お知らせ」の記事を表示します。このカスタム投稿タイプでは、カスタム投稿タイプを定義する関数register_post_type()のpublicパラメータをfalseと指定して個別投稿ページは非公開にし、トップページへの表示専用としています。

CODE	トップページの「ニュース」(front-page.php)

```
(略)
<?php
$args = array(
  'post_type'      => 'info',
  'posts_per_page' => 3,  ●————————❶
);
$news_posts = new WP_Query( $args );  ●————————❷
if ( $news_posts->have_posts() ) :
?>
      <article class="news">
        <h2>ニュース</h2>
        <dl>
<?php
  while ( $news_posts->have_posts() ) :
    $news_posts->the_post();
?>
          <dt><span class="date"><?php the_time( 'Y.m.d' ); ?></span></dt>  ●————————❸
          <dd><?php the_content(); ?></dd>
<?php
  endwhile;
  wp_reset_postdata();
?>
        </dl>
<?php
endif;
```

PART-1

PART-2

PART-3

215

| 11 | 03 | トップページに様々な情報を読み込んで表示する |

```
?>
（略）
```

❶ 投稿タイプと、表示件数を指定する。
❷ 新しいクエリーオブジェクトを作成し、サブループを開始する。
❸ 記事の日付を表示する。

●「ブログ新着記事」を表示する

ブログは投稿タイプが「投稿（post）」なので、WP_Query()のパラメータにpostを指定することで取得できます。また、最も新しい投稿にNewアイコンを表示させています。

CODE　　トップページの「ブログ新着記事」(front-page.php)

```php
（略）
<?php
$args = array(
  'post_type'       => 'post',
  'posts_per_page' => 2,          ❶
);
$blog_posts = new WP_Query( $args );
if ( $blog_posts->have_posts() ) :
?>
        <h2>ブログ</h2>
        <dl>
<?php
  while ( $blog_posts->have_posts() ) :
    $blog_posts->the_post();
?>
        <dt><span class="date">
<?php
  if ( $blog_posts->current_post < 1 ) :          ❷
?>
        <span class="label new">New!</span>
<?php
  endif;
?>
        <?php the_time( 'Y.m.d' ); ?></span></dt>
        <dd><a href="<?php the_permalink(); ?>" title="<?php the_title_attribute();
?>"><?php the_title(); ?></a></dd>
<?php
  endwhile;
  wp_reset_postdata();
?>
        </dl>
<?php
endif;
?>
（略）
```

❶ ブログは投稿タイプが「投稿(post)」なので「'post_type' => 'post'」と指定する。
❷ 最も新しい投稿に「New!」を表示する。current_postはWP_Query()のプロパティで、現在の記事が何番目に出力された
　 かを知ることができる。数値は0から始まるので「current_post < 1（1より小さい）」で1件目となる。

216

CHAPTER **11** | SECTION **04** | WordPressループを活用する

特定の親ページに子ページの一覧を表示させる

親ページから子ページに導線を作りたいことは多いでしょう。ここでは、サブループを使って、特定の親ページに子ページの一覧を表示させる方法を説明します。

親ページに子ページの一覧を表示させる

店舗情報のページを親とする各支店のページが追加されたとして、子ページである各支店のページのタイトルと抜粋の一覧を、親である店舗情報のページに表示させる方法を説明します。

条件分岐タグis_page()を使って、店舗情報（スラッグ「shop」）の場合のみ子ページを表示します。

CODE 店舗情報（shop）の場合のみ子ページを表示する（page.php）

```php
（略）
// 店舗情報 shopの時のみ子ページを表示
if ( is_page( 'shop' ) ) :          ❶
?>
        <h3>支店のご案内</h3>
<?php
  $args = array(          ❷
    'post_type'   => 'page',          ❸
    'post_parent' => $post->ID,          ❹
    'orderby'     => 'menu_order',          ❺
    'order'       => 'asc',
  );
  $shop_chils_pages = new WP_Query( $args );          ❻
  if ( $shop_chils_pages->have_posts() ) :
    while ( $shop_chils_pages->have_posts() ) :
      $shop_chils_pages->the_post();
?>
      <div class="shop-list">
        <h4><a href="<?php the_permalink(); ?>"><?php the_title(); ?></a></h4>          ❼
        <?php the_excerpt(); ?>          ❽
      </div>
<?php
    endwhile;
  endif;
endif;
wp_reset_postdata();
（略）
```

❶ 店舗情報「shop」の場合
❷ 表示の条件を配列に格納する。
❸ 投稿タイプ：固定ページ
❹ 親ページ：表示しているページのID
❺ 並び順：管理画面で設定した順序に従う
❻ 新しいクエリーオブジェクトを作成し、サブループを開始する。
❼ 記事のタイトルをリンク付きで表示する。
❽ 抜粋を表示する。

217

11 | 04　特定の親ページに子ページの一覧を表示させる

店舗情報のページに子ページの情報が表示される。

CHAPTER	SECTION	WordPressループを活用する
11	**05**	**ブログの個別投稿ページに関連記事を表示する**

個別投稿ページに関連記事を表示することで、サイトの回遊率を上げることができます。関連記事を表示するには様々な方法がありますが、ここではその中から3つの方法を説明します。

● タグを利用する

記事に付けたタグを利用して関連記事を表示するには、表示されている記事のタグを取得して、同じタグの付いた記事を表示します。関連記事はブログの個別投稿ページに表示させたいので、single.phpに関連記事を表示させるためのサブループを作ります。

CODE タグを利用して関連記事を表示する（single.php）

```php
（略）

$current_tags = get_the_tags();          ――❶
if ( $current_tags ) :
  foreach ( $current_tags as $tag ) {
    $current_tag_list[] = $tag->term_id;  ――❷
  }

  $args = array(                          ――❸
    'tag__in'         => $current_tag_list,
    'post__not_in'    => array( $post->ID ),
    'posts_per_page' => 5,
  );
  $related_posts = new WP_Query( $args );  ――❹

  if( $related_posts->have_posts() ) :
?>
      <h3>関連記事</h3>
        <ul id="related-posts">
<?php
    while ( $related_posts->have_posts() ) :
      $related_posts->the_post();
?>
          <li><a href="<?php the_permalink(); ?>" title="<?php the_title_attribute();
?>"><?php the_title(); ?></a></li>       ――❺
<?php
    endwhile;
?>
        </ul>
<?php
  else :
?>
      <p>関連記事はありません</p>             ――❻
```

219

11 | 05　ブログの個別投稿ページに関連記事を表示する

```
<?php
  endif;
  wp_reset_postdata();
endif;
?>

（略）
```

❶ 表示されている記事のタグを取得する。
❷ 表示されている記事にタグがあった場合、ループして、タグのIDを配列として取得する。
❸ 表示する関連記事の条件を設定する。取得したタグのIDを指定し、表示している記事は除外して、表示件数を5件とする。
❹ サブループを開始する。
❺ 関連記事をリンク付きでリスト表示する。
❻ 関連記事がない場合の記述。

● 関連記事を自動的に表示する
～「Yet Another Related Posts Plugin」プラグイン

「Yet Another Related Posts Plugin」は、関連記事を自動的に表示するプラグインです。簡単な設定で、タグやカテゴリー、タイトルや記事本文も考慮した関連記事を表示することができます。

インストールして有効化すると管理画面の［設定］メニューに［YARPP］が追加されます。Webサイト用、フィード用の表示設定を行います。

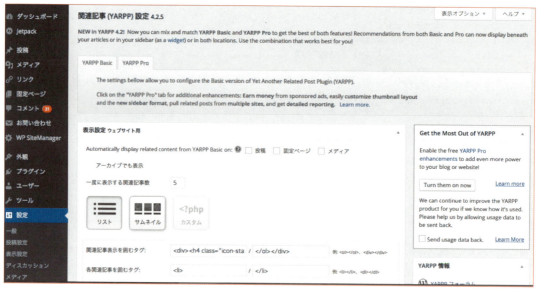

「Yet Another Related Posts Plugin」の設定画面

［Automatically display related content from YARPP Basic on:］では、チェックした投稿タイプの記事の下に関連記事が表示されます。表示する投稿タイプや表示位置を自由に設定したい場合は、このチェックを全て外し、テンプレートに「<?php related_posts(); ?>」と記述します。

11　05　ブログの個別投稿ページに関連記事を表示する

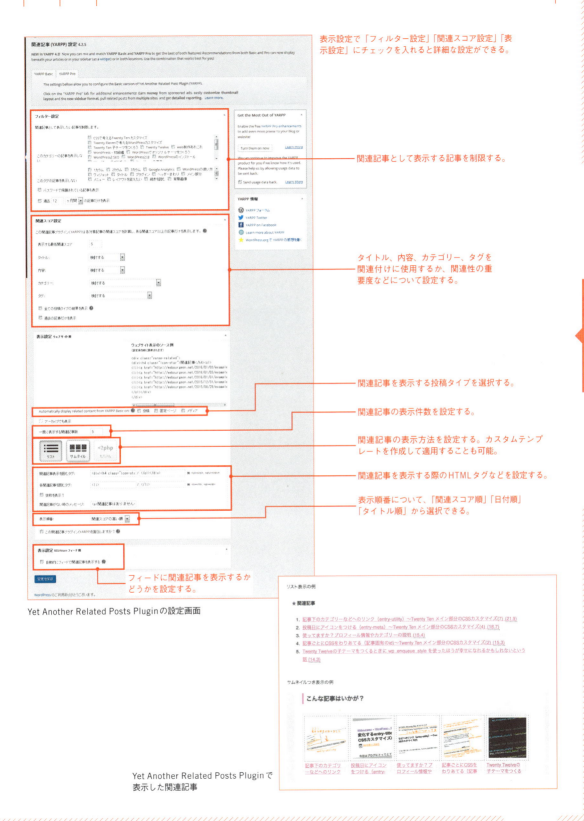

Yet Another Related Posts Pluginの設定画面

Yet Another Related Posts Pluginで表示した関連記事

11 | 05 ブログの個別投稿ページに関連記事を表示する

◯ 様々な記事同士の関連性を自由に設定する 〜「Posts 2 Posts」プラグイン

「Posts 2 Posts」では、投稿同士の他に、固定ページやカスタム投稿タイプの記事も手動で関連付けできます。Yet Another Related Posts Pluginと較べて設定に手間はかかりますが、とても自由度の高いプラグインです。タグやカテゴリーなどを利用した関連付けやYet Another Related Posts Pluginによる関連付けでは不足するような場合の選択肢の１つとして挙げられます。

このプラグインでは、まず「コネクションタイプ」と呼ばれる、投稿タイプごとの関連付けを設定します。

例として、投稿と固定ページの関連付けを設定する方法を説明します。

テーマのfunctions.phpに以下のコードを記述します。

CODE 「Posts 2 Posts」プラグインの設定をする (functions.php)

```php
function bourgeon_my_connection_types() {
  if ( ! function_exists( 'p2p_register_connection_type' ) ) {     ❶
    return;
  }
  p2p_register_connection_type(
    array(
      'name' => 'posts_to_pages',     ❷
      'from' => 'post',               ❸
      'to'   => 'page',               ❹
    )
  );
}
add_action( 'p2p_init', 'bourgeon_my_connection_types' );
```

❶ p2p_register_connection_type()関数が定義されてるか検証する。
❷ コネクションタイプの名前を設定する。
❸ どこから関連付けを行うのか（投稿タイプを指定）
❹ どこに関連付けを行うのか（投稿タイプを指定）

投稿、固定ページの編集画面に関連付けの設定欄が表示される。

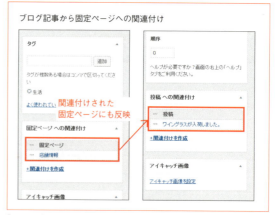

「ワイングラスが入荷しました」という投稿から固定ページ「店舗情報」に関連付けをしたところ

11 | 05 ブログの個別投稿ページに関連記事を表示する

管理画面で記事同士の関連付けを設定します。
関連付けを表示させるコードをテンプレートに記述します。
以下は固定ページに関連付けさせた投稿を表示させる例です。

CODE 固定ページに関連付けさせた投稿を表示する（page.php）

```
(略)
$args = array(
  'connected_type'  => 'posts_to_pages', ●❶
  'connected_items' => get_queried_object(),
  'nopaging'        => true,
);
$connected = new WP_Query( $args );
if ( $connected->have_posts() ) :
?>
        <h3>関連するページ</h3>
          <ul>
<?php
  while ( $connected->have_posts() ) :
    $connected->the_post();
?>
          <li><a href="<?php the_permalink(); ?>"><?php the_title(); ?></a></li>
<?php
  endwhile;
?>
          </ul>
<?php
endif;
wp_reset_postdata();
?>
(略)
```

❶ connected_typeにfunctions.phpで設定したコネクションタイプの名前を指定する。

Posts 2 Posts による関連記事表示

CHAPTER 12 SECTION 01 ユーザーとのコミュニケーション

ソーシャルサービスと連携した
コメント欄を作成する

ユーザーとコミュニケーションを図る定番の機能はコメントです。コメント欄の作り方と、プラグインを使ってソーシャルサービスと連携する方法を説明します。

● WordPressのコメント欄を作成する

1 コメントを受け付けるかどうかの設定をする

　管理画面の［設定］＞［ディスカッション］にある［投稿のデフォルト設定］で［新しい投稿へのコメントを許可する］にチェックを入れます。また記事の編集画面で、記事ごとにコメントを許可するかどうかを設定することができます。［投稿のデフォルト設定］と記事での設定内容が異なる場合は、記事での設定が優先されます。

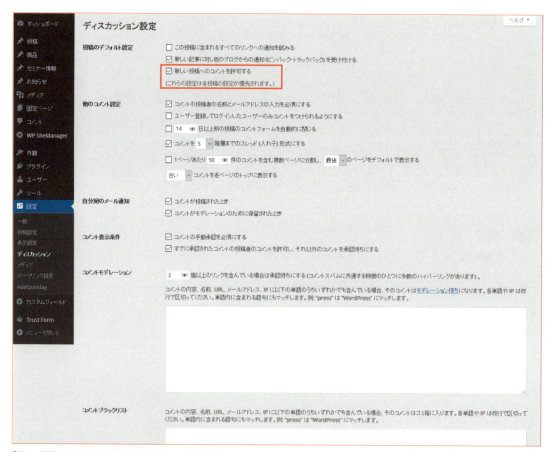

［新しい投稿へのコメントを許可する］にチェックを入れる。

12 | 01　ソーシャルサービスと連携したコメント欄を作成する

2 ｜ コメント表示用のテンプレートを作成する

comments.phpというファイル名のモジュールテンプレートを作成し、以下のコードを記述します。なお、ユーザーが入力するコメントフォームは、WordPress標準のものを利用しています。

CODE　コメント表示用のテンプレート（comments.php）

```php
<?php
if ( post_password_required() ) {
  return;
}
?>          ●❶
        <section id="comments">
<?php
if ( have_comments() ) :
?>          ●❷
          <h2 id="comments-title"><span class="genericon genericon-comment"></span>コメント</h2>
            <p class="comments-info"><?php the_title(); ?>" に<?php echo number_format_
i18n( get_comments_number() ); ?>件のコメントがあります</p>     ●❸
            <ol class="commentlist">
<?php
  wp_list_comments(
    array(
      'callback' => 'bourgeon_comment',
    )
  );
?>          ●❹
          </ol>
<?php
  if ( get_comment_pages_count() > 1 && get_option( 'page_comments' ) ) :
?>          ●❺
          <nav class="navigation">
            <ul>
              <li class="nav-previous"><?php previous_comments_link( '&larr; 古いコメント' ); ?></li>
              <li class="nav-next"><?php next_comments_link( '新しいコメント &rarr;' ); ?></li>
            </ul>
          </nav>
<?php
  endif;
  if ( ! comments_open() && get_comments_number() && post_type_supports( get_post_type(),
'comments' ) ) :
?>          ●❻
          <p class="no-comments">現在コメントは受け付けておりません。</p>
<?php
  endif;
endif;
```

225

12 | 01 ソーシャルサービスと連携したコメント欄を作成する

```
comment_form();
?>          ❼
        </section>
```

❶ 記事がパスワードで保護されているときにはコメント欄を表示しないようにする。
❷ コメントがある場合ループを開始する。
❸ get_comments_number()でコメントの件数を取得して表示する。
❹ コメントをリストで表示する。
❺ コメントリストが2ページ以上になる場合にページングする。
❻ コメントを受け付けていない場合のメッセージを表示する。
❼ コメントフォームを表示する。

　WordPressでは、記事をパスワード保護することができます（記事を閲覧するには、パスワードを入力します）。保護された記事にコメント欄が表示されてしまうと、記事内容を確認しないままコメントをされてしまう可能性があります。そこで、post_password_required()で、記事がパスワード保護されているかどうか調べて、保護されている場合にはコメント欄を出力しないようにします。

記事をパスワードで保護できる。

保護された記事に表示されてしまったコメント欄の例

12	01	ソーシャルサービスと連携したコメント欄を作成する

3 | コメント欄を表示させる

コメント欄を表示させるために、個別投稿のテンプレートファイルにcomments_template()
というインクルードタグを記述します。

```php
<?php comments_template(); ?>
```

コメントを残す

メールアドレスが公開されることはありません。 * が付いている欄は必須項目です

コメント

名前 *

メールアドレス *

ウェブサイト

コメントを送信

表示されたコメント欄

MEMO

コメントはユーザーとの大切なコミュニケーションの場ともなりますが、スパムコメントが多く寄せ
られてしまっては困ります。WordPressにはコメントスパムを強力に防ぐプラグインAkismetが同梱
されています。コメントを有効にしておく際には必須ともいえるプラグインです（Chapter 01の02
のAkismetの設定参照)。

MEMO

企業サイトではコメントを受け付けないように設定することも多いでしょう。その際、コメントテンプ
レートを読み込ませないというだけでは不十分で、コメントを処理しているwp-comments-post.php
に直接アクセスしてコメントしようとするスパムを防ぐことができません。ディスカッションの設定
や記事の設定で「コメントを受け付けない」としておくことが大切です。

12　01　ソーシャルサービスと連携したコメント欄を作成する

◯ コメント欄をソーシャルサービスと連携させる

　「Jetpack by WordPress.com」プラグイン（以下、「Jetpack」とします）を使って、FacebookやTwitterなどのソーシャルアカウントでコメントできるようにしてみましょう。Jetpackは、WordPressのホスティングサービスであるWordPress.comで使われている色々な機能を、インストール型のWordPressでも使えるようにしたプラグインです。利用するには、WordPress.comアカウントが必要です。JetPackを有効化し、WordPress.comアカウントと連携させると、Jetpack独自のコメント機能（以下、「Jetpackコメント」とします）が利用できるようになります。

Jetpackをインストールし、WordPress.comとの連携が完了した状態

Jetpackコメントのコメント欄。FacebookやTwitterのアカウントでログインできるボタンがある。

12 | 01　ソーシャルサービスと連携したコメント欄を作成する

　Jetpackコメントは、管理画面の［設定］＞［ディスカッション］の下部でグリーティングメッセージや、配色を設定することができます。

jetpackコメントの配色例

CHAPTER 12 | SECTION 02 | ユーザーとのコミュニケーション

記事にソーシャルボタンを表示する

今では、記事にTwitterやFacebookのボタンが表示されており、そこに投稿数が表示されたり、ボタンをクリックして投稿できることが当たり前になってきています。ここでは、Jetpackを使って、ソーシャルボタンを表示する方法を説明します。

● Jetpackでソーシャルボタンを表示する

ソーシャルボタンを表示するプラグインはいくつかありますが、Chapter 12の01でコメント欄をカスタマイズするのに使用したJetpackを使用して、ソーシャルボタンを表示してみましょう。

Jetpackを有効化すると、管理画面に［設定］＞［共有］が追加されます。［共有ボタン］欄で有効化（記事に表示）したいソーシャルボタンを、［利用可能なサービス］エリアから［有効化済みのサービス］エリアにドラッグします。

［利用可能なサービス］エリアから［有効化済みのサービス］エリアにドラッグする。

> **MEMO**
>
> Jetpackで共有を開始すると、サイト全体のhead要素内に、自動でFacebookのOGP（Open Graph Protocol）タグが挿入されます。その他のソーシャルサービス系プラグインを導入してOGPタグが重複して挿入される場合には、functions.phpにおいて、次の記述を追加してJetpackからのOGPタグの出力を停止します。
> add_filter('jetpack_enable_open_graph', '__return_false');

12 | 02 記事にソーシャルボタンを表示する

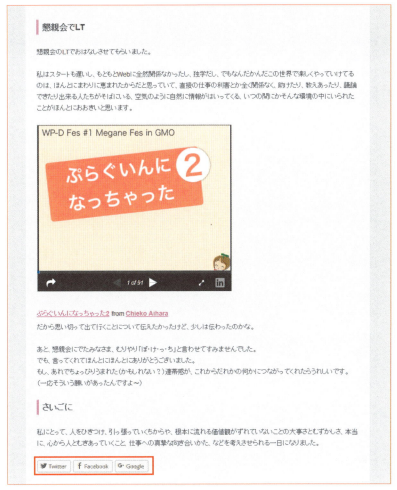

管理画面で追加されたソーシャルボタンとサイトでの表示例

ボタンのスタイルや、ボタンを表示するページなどを設定できる。カスタム投稿タイプには対応していない。

● その他のソーシャルボタン関連プラグイン

　その他のソーシャルボタンを表示するプラグインとして、「WP Social Bookmarking Light」や「Tweet, Like, Google +1 and Share」などがあります。
　WP Social Bookmarking Lightは、追加できるサービスが豊富で、ボタンの表示位置について記事上部・下部を選択できるなど、カスタマイズ性に優れています。

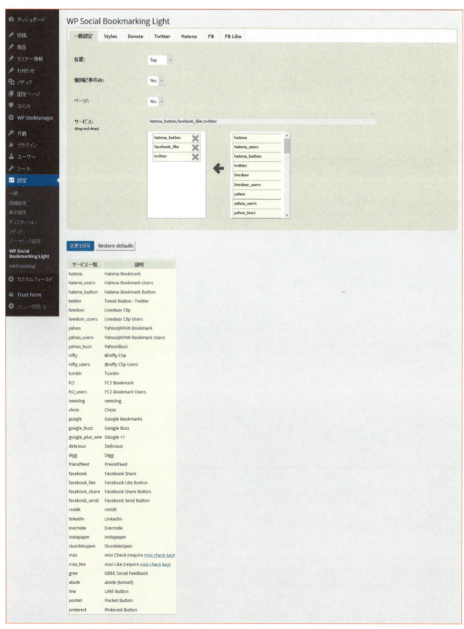

WP Social Bookmarking Lightの設定画面

12 | 02 記事にソーシャルボタンを表示する

　Tweet, Like, Google +1 and Shareは、初期設定で追加できるサービスは少なめですが、新たに追加することもでき、表示位置など細かな設定項目が用意されています。また、OGPタグを表示するかどうかを選択することもできます。

Tweet, Like, Google +1 and Shareの設定画面

CHAPTER 12 | SECTION 03

ユーザーとのコミュニケーション

Facebookと連携する

プラグインを使うと、Facebookと色々な連携が可能となります。ここでは、記事のコード内へFacebookのOGPタグを出力する、更新情報をFacebookへ自動投稿する、Facebook Page Pluginを表示する方法を説明します。

● FacebookのOGPタグを出力する

OGPとは

OGP（Open Graph Protocol）とは、Facebookによって策定された、Webページの情報をソーシャルメディアで共有するための仕様です。meta要素を使って、Webページのタイトルや説明、URLなどの情報をhead要素内に記述します。Facebookだけでなく他のソーシャルメディアもサポートしており、これらのメディアでOGPを含むWebページを取り上げると、OGPの内容を取得して表示してくれます。例えば、Facebookではページのタイトル、サムネイル画像、概要の文章などが表示されます。

WP SiteManagerを利用してOGPタグを出力する

FacebookのOGPタグを出力するにはいくつかの方法がありますが、ここでは「WP SiteManager」プラグイン（Chapter 13の01参照）を利用する方法を説明します。

管理画面の［WP SiteManager］＞［SEO&SMO］を開き、［ソーシャル設定］の［OGPの出力］で［出力する］にチェックを入れると、自動的にOGPタグを出力します。

［OGPの出力］で［出力する］にチェックを入れる。

12 | 03　Facebookと連携する

```
<script src="http://webourgeon.net/wp-content/themes/twentytwelve/js/html5.js" type="text/javascript"></script>
<![endif]-->
<meta name="keywords" content="WordPressのプラグイン" />
<meta name="description" content="リニューアルしたWordPress.comのダッシュボードと同じダッシュボードに出来るプラグイン「MP6」が話題になって
<!-- WP SiteManager OGP Tags -->
<meta property="og:title" content="WordPress.comのダッシュボードを使えるプラグイン「MP6」" />
<meta property="og:type" content="article" />
<meta property="og:url" content="http://webourgeon.net/2013/06/18/mp6/" />
<meta property="og:description" content="リニューアルしたWordPress.comのダッシュボードと同じダッシュボードに出来るプラグイン「MP6」が話題
<meta property="og:site_name" content="Webourgeon" />
<meta property="og:image" content="http://webourgeon.net/wp-content/uploads/2013/06/eye-20130618.png" />
<!-- WP SiteManager Twitter Cards Tags -->
<meta name="twitter:title" content="WordPress.comのダッシュボードを使えるプラグイン「MP6」" />
<meta name="twitter:url" content="http://webourgeon.net/2013/06/18/mp6/" />
<meta name="twitter:description" content="リニューアルしたWordPress.comのダッシュボードと同じダッシュボードに出来るプラグイン「MP6」が話
```

＜WP SiteManagerによって出力されたOGPタグ

　OGPタグのog:imageには、Webページに関連する画像を指定します。WP SiteManagerの場合、og:imageとして出力される画像は、次の優先順で採用されます。

1. 記事に設定したアイキャッチ画像
2. 記事に添付された最初の画像
3. 管理画面の［WP SiteManager］＞［SEO&SMO］の［ソーシャル設定］の［共通イメージ画像］

　アイキャッチ画像を設定しておくのが最もよい方法ですが、設定するのを忘れることもあり得ます。og:imageが出力されないということがないように、［共通イメージ画像］を設定しておきましょう。

＜OGPタグが出力された記事がFacebookで紹介された際の表示例

●更新情報をFacebookへ自動投稿する

　Chapter 12の01や02で紹介したJetpackには、［パブリサイズ共有］という機能があります。この機能を利用すると、記事投稿時にFacebookやTwitterなどにサイトの更新情報を自動投稿することができます。

235

12 | 03　Facebookと連携する

管理画面の［設定］＞［共有］の［パブリサイズ共有］で、［連携］をクリックする。あとは、指示に従い、[OK]ボタンをクリックする。

「you have successfully connected your Facebook account with Jetpack.」と表示されれば連携が完了する。

記事を投稿すると、タイトル、本文の抜粋、画像などが自動的にFacebookのタイムラインに投稿される。

12 | 03　Facebookと連携する

●サイドバーにFacebook Page Plugin（旧Like Box）を設置する

「Facebook Page Plugin」とは、Facebookページに投稿された内容や、ページに「いいね！」をしたユーザーを表示するエリアです。

Jetpackのウィジェットを使用する

Jetpackを有効化すると、［Facebook Likeボックス(Jetpack)］というウィジェットが追加されるので、それを任意のウィジェットエリアに追加します。

［Facebook Likeボックス（Jetpack)］の設定内容。ターゲットとするFacebookページのURL、ボックスの大きさ、カラー、表示内容などを設定する。

［Facebook Likeボックス（Jetpack)］の表示結果

237

ウィジェットを使用しないで設置する

　ウィジェットを利用する以外の方法もあります。facebook for developersサイトの「Page Plugin」ページ（https://developers.facebook.com/docs/plugins/page-plugin）にアクセスし、そこで生成されたコードをテンプレートファイルに挿入します。

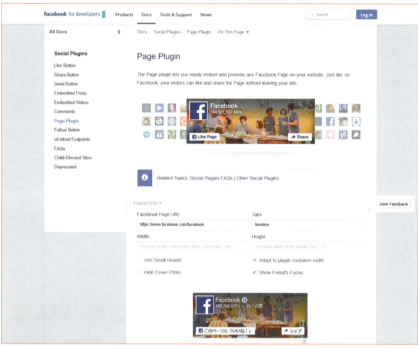

「Page Plugin」ページ。各項目を入力・選択し、[Get Code]ボタンをクリックする。

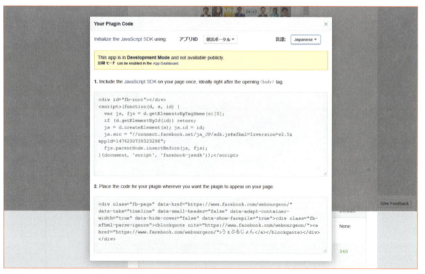

生成されたコードをテンプレートの任意の場所に挿入する。

CHAPTER	SECTION	ユーザーとのコミュニケーション
12	04	**Twitterと連携する**

プラグインを使うと、Twitterとの連携が可能となります。ここでは、更新情報をTwitterへ自動投稿する、Twitter Cardsを設定する、Twitterのタイムラインを表示する方法を説明します。

更新情報をTwitterへ自動投稿する

Chapter 12の03で紹介したように、Jetpackの［パブリサイズ共有］機能を利用すると、記事投稿時にFacebookやTwitterなどにサイトの更新情報を自動投稿できます。

管理画面の［設定］＞［共有設定］の［パブリサイズ共有］で、［連携］をクリックする。
続いて表示される画面で［連携アプリを認証］をクリックする。

「you have successfully connected your Twitter account with Jetpack.」と表示されれば連携が完了する。

Twitter Cardsを設定する

「Twitter Cards」とは、OGPのようにmeta要素で指定したデータをもとに、ツイートにコンテンツを追加して表示する仕組みです。記事にTwitter Cardsを設定すると、その記事のURLを含むツイートに「概要を表示」というリンクが追加され、そのリンクをクリックして展開すると、サムネイル画像と概要が表示されます。

12 | 04　Twitterと連携する

Twitter Cardsの表示例

　Twitter Cards用のタグを出力するにはいくつかの方法がありますが、ここでは「WP Site Manager」プラグインを利用する方法を説明します。また、タグを出力しただけでは、Twitter Cardsは表示されません。Twitterのデベロッパーサイトにて、Twitter Cardsを利用することを申請する必要があります。

WP SiteManagerを利用してTwitter Cards用のタグを出力する

　まず、「WP SiteManager」プラグインを使って、Twitter Cards用のタグを出力するように設定します。

［Twitter Cardsの出力］で［出力する］にチェックを入れ、［Twitter Cardsのサイトアカウント］にTwitterのアカウント名を入力する。

12 | 04 　Twitterと連携する

```
<!DOCTYPE html>
<!--[if IE 7]>
<html class="ie ie7" lang="ja">
<![endif]-->
<!--[if IE 8]>
<html class="ie ie8" lang="ja">
<![endif]-->
<!--[if !(IE 7) | !(IE 8)  ]><!-->
<html lang="ja">
<!--<![endif]-->
<head>
<meta charset="UTF-8" />
<meta name="viewport" content="width=device-width" />
<title>Webourgeon | WordPressカスタマイズを中心としたWeb制作のあれこれ</title>
<link rel="profile" href="http://gmpg.org/xfn/11" />
<link rel="pingback" href="http://webourgeon.net/xmlrpc.php" />
<link rel="shortcut icon" href="favicon.ico" />
<!--[if lt IE 9]>
<script src="http://webourgeon.net/wp-content/themes/twentytwelve/js/html5.js" type="text/javascript"></script>
<![endif]-->
<meta name="description" content="WordPressカスタマイズを中心としたWeb制作のあれこれ" />

<!-- WP SiteManager OGP Tags -->
<meta property="og:title" content="Webourgeon" />
<meta property="og:type" content="website" />
<meta property="og:url" content="http://webourgeon.net/" />
<meta property="og:description" content="WordPressカスタマイズを中心としたWeb制作のあれこれ" />
<meta property="og:site_name" content="Webourgeon" />
<meta property="og:image" content="http://webourgeon.net/wp-content/uploads/2011/11/eye-20111105.gif" />

<!-- WP SiteManager Twitter Cards Tags -->
<meta name="twitter:title" content="Webourgeon" />
<meta name="twitter:url" content="http://webourgeon.net/" />
<meta name="twitter:description" content="WordPressカスタマイズを中心としたWeb制作のあれこれ" />
<meta name="twitter:card" content="summary" />
<meta name="twitter:site" content="@Webourgeon" />
<meta name="twitter:image" content="http://i2.wp.com/webourgeon.net/wp-content/uploads/2011/11/eye-20111105.gif?fit=1%2C1" />
<link rel="alternate" type="application/rss+xml" title="Webourgeon &raquo; フィード" href="http://webourgeon.net/feed/" />
<link rel="alternate" type="application/rss+xml" title="Webourgeon &raquo; コメントフィード" href="http://webourgeon.net/comments/feed/" />
        <script type="text/javascript">
            window._wpemojiSettings = {"baseUrl":"http:\/\/s.w.org\/images\/core\/emoji\/72x72\/","ext":".png","source":{"concatemoji":"http:\/\/webourgeon
            !function(a,b,c){function d(a){var c=b.createElement("canvas"),d=c.getContext&&c.getContext("2d");return d&&d.fillText?(d.textBaseline="top",d.
        </script>
        <style type="text/css">
```

「WP Sitemanager」プラグインによって出力されたTwitter Cards用のタグ。各ページのタイトルや概要、URL、サムネイル画像の
URLなどが出力される。

> **MEMO**
>
> TwitterのデベロッパーサイトでTwitter Cardsの利用を申請する必要があります。
> https://dev.twitter.com/cards/getting-started

● Twitterのタイムラインをサイドバーに表示する

　Jetpackプラグインを有効化すると、［Twitterタイムライン（Jetpack）］というウィジェット
が追加されます。それを任意のウィジェットエリアに追加するだけですが、その際にTwitterサ
イトでウィジェットを作成し、ウィジェットIDを取得して登録する必要があります。

12　04　Twitterと連携する

［Twitterタイムライン（Jetpack）］の設定内容。
「Twitter.comでウィジェットを作成〜」リンク
からウィジェット作成画面に進む。

各種設定し、［ウィジェットを作成］ボタンをクリックする。

12 | 04　Twitterと連携する

「ウィジェットが作成されました」というメッセージが出るので、そのページのURL「https://twitter.com/settings/widgets/××××××××/…」の「××××××××」部分の数字をコピーして［ウィジェットID］欄にペーストする。

表示されたTwitterウィジェット

　Twitterウィジェットを使わなくても、Twitterタイムラインを表示することができます。先程と同様の手順でTwitterウィジェットを作成し、「このコードをコピーして、あなたのwebサイトのHTMLに貼り付けてください。」と表示されたコードを、テンプレートファイルの任意の場所にコピー＆ペーストします。

243

CHAPTER 12 / SECTION 05　ユーザーとのコミュニケーション

お問い合わせフォームを設置する

ユーザーの声を直接聞くことができる定番の手段がお問い合わせフォームです。WordPressでは、プラグインを利用することで、簡単にフォームを設置することができます。

代表的なお問い合わせフォームを設置するプラグインとして、「Contact Form 7」と「Trust Form」があります。どちらも国産の優れたプラグインですが、Contact Form 7は、標準ではフォームの入力内容を確認できる「確認画面」機能はなく、Trust Formには「確認画面」機能が用意されています。クライアントワークでは「確認画面」が必要になることも多いため、ここではTrust Formを使う方法を説明します。

また、Trust Formは、フォームのパーツを管理画面上でドラッグ＆ドロップで組み立てることができるという特徴も持っています。

◯ Trust Formを使ってお問い合わせフォームを設置する

Trust Formを使った、お問い合わせフォームの基本的な設置方法を説明します。

1　Trust Formをインストールし、有効化すると、管理画面に［Trust Form］というメニューが追加されます。［フォームの新規作成］からフォームを作成します。

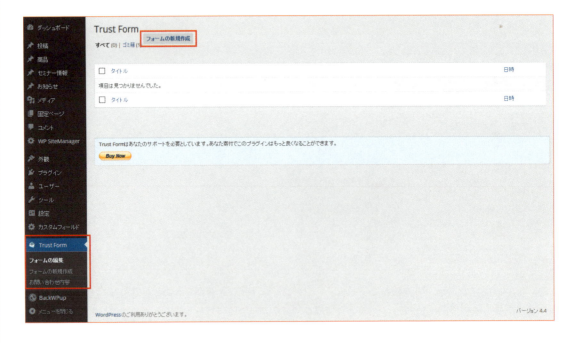

12 | 05　お問い合わせフォームを設置する

2　［フィールド］エリアから必要なフォーム要素を［入力画面］エリアにドラッグ＆ドロップします。

3　テキストボックスの編集画面です。デフォルトで「title」と表示されている部分に項目名を入れます。歯車マークをクリックすると詳細設定画面がポップアップで表示されます。［属性］で入力エリアの大きさやclass属性を設定、［入力チェック］でチェック内容を選択、［アキスメット設定］でスパム防止のプラグイン「Akismet」との連携内容を設定することができます。

4 メールアドレスの一致確認を設定する場合は、一致確認用の項目を作成し、そのタイトルを、メールアドレス項目の詳細設定の［メールアドレスの確認入力］に記入します。すると、一致しない場合に「メールアドレスが一致しません」というエラーメッセージが表示されるようになります。

5 必須マークの設定。必須項目に付与するテキスト、または画像を設定することができます。

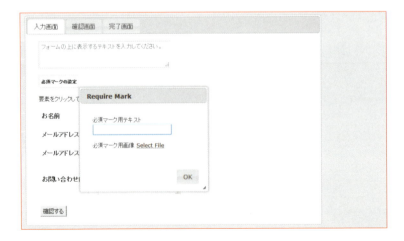

12 | 05　お問い合わせフォームを設置する

6　フォームに表示するメッセージを設定することができます。

7　確認ボタンは、表示テキストを変更したり、画像にすることができます。

8　[確認画面]の作成。必要に応じてメッセージ欄を編集することができます。

247

12 05 お問い合わせフォームを設置する

⑨ ［完了画面］の作成。必要に応じてメッセージ欄を編集することができます。

⑩ 表示されているショートコードをコピーして、フォームを表示する固定ページのエディタに挿入します。

⑪ ［管理者宛メール］の設定。［お名前］、［メールアドレス］というように［ ］で項目名を囲んで入力すると、管理者宛のメールの送信元を、フォームの送信者の情報にすることができます。

12 | **05** | お問い合わせフォームを設置する

12 ［自動返信メール］の設定。自動返信メールが必要な場合は、［自動返信メールを使用する］に
チェックを入れ、各項目を設定します。本文欄に[FORM DATA]と記述すれば全てのフォーム入
力内容が出力され、[お名前]や[メールアドレス]というように項目名を[]で囲んで入力すると、
該当部分のみが出力されます。

MEMO

フォームは複数作成・設置できます。別途［フォームの新規作成］から新しいフォームを作ると、固有の
IDの入ったショートコードが生成されるので、同様の手順で任意のページのエディタに挿入します。

● フォームから送信されたデータを管理する

　フォームから送信されたデータは、管理画面の［Trust Form］＞［お問い合わせ内容］にて
確認できます。

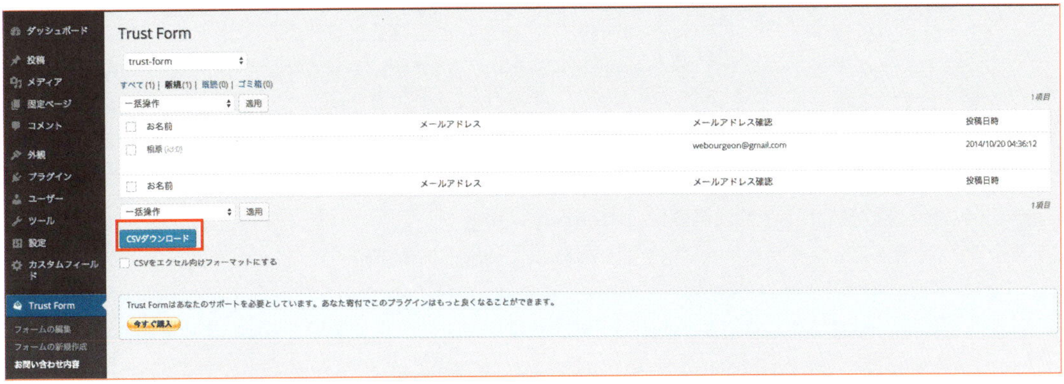

全データをCSV形式でダウンロードできる。

　全データをCSV形式でダウンロードすることができます。CSVの文字コードをShift_JISでダ
ウンロードしたい場合は、wp-config.phpに「define('TRUST_FORM_CSV_SJIS_SUPPORT',
true);」と記述してください。

249

12 | 05　お問い合わせフォームを設置する

データごとにメモやステータスを設定できる。

　各お問い合わせ内容ごとに「新規」「既読」というステータスを付けたり、メモを書くことで管理することができます。

○ Trust Form をカスタマイズする

デザインを変更する場合

　Trust Formには、レスポンシブウェブデザインに対応したCSSが適用されています。オリジナルのCSSを適用したい場合は、wp-config.phpに「define('TRUST_FORM_DEFAULT_STYLE' , false);」と記述をすることで、デフォルトのCSSを無効化することができます。

テンプレートをカスタマイズする場合

　フォームのテンプレートをカスタマイズする場合は、プラグインフォルダにある「trust-form-tpl-.php」というファイルをコピーしてテーマのディレクトリ直下に設置します。そして、フォームのIDを確認して、「trust-form-tpl-{ID}.php」と名前を付けます。フォームのIDは、フォームのショートコード（例　[trust-form id=195]）にて確認できます。テンプレートの適用順は以下の通りです。

1. テーマのディレクトリにある trust-form-tpl-{ID}.php。
2. テーマのディレクトリにある trust-form-tpl-.php
3. Trust Form プラグインディレクトリ内の trust-form-tpl-.php

　入力画面、確認画面、完了画面の関数は以下の通りです。カスタマイズや使い方など情報はTrust Formの公式サイト（http://trust-form.org/）を参照してください。

- 入力画面　trust_form_show_input()
- 確認画面　trust_form_show_confirm()
- 完了画面　trust_form_show_finish()

運用編

Chapter 13	サイトの使い勝手をよくする小技	252
Chapter 14	効率よく運用するヒント	271
Chapter 15	運用とトラブルシューティング	292
Chapter 16	すぐにできるパフォーマンス改善とSEO対策	310

Part 3

CHAPTER **13** | SECTION **01**

サイトの使い勝手をよくする小技

パンくずナビゲーションを表示する

Chapter 12 の03で使用した「WP SiteManager」プラグインを用いて、パンくずナビゲーション（以下、パンくずナビ）を表示できるようにします。WP SiteManagerは、非常に多機能なプラグインであるため、まずはその概要と利用できる機能について解説します。

● WP SiteManager とは

　カスタム投稿タイプやカスタム分類を利用したWebサイトにおいては構造が複雑化し、サイトマップやパンくずナビなど、ナビゲーション関連の表示が思い通りとならず、個別にカスタマイズが必要になってきます。

　「WP SiteManager」プラグインは、WordPress を企業サイトなどに用いる際に必要な機能を網羅した統合パッケージで、このような不整合に対し、管理画面での設定によって統一的に調整できるようになっています。その他にも、メタ情報の管理によるスニペットワードの最適化、OGP、Twitter Cardsでのソーシャル最適化、デバイスでのテーマ切り替え機能、ページキャッシュ機能により多種多様な環境への最適化を可能としています。

＜WP SiteManager機能一覧＞
- サイトマップの表示
- パンくずナビの表示
- ページナビ（ページング）の表示
- サブナビゲーションの表示
- デバイス判定とテーマ切り替え機能
- メタキーワード、ディスクリプションの設定
- OGP、Twitter Cardsの出力
- ページキャッシュ

　WP SiteManagerは、管理画面の［プラグイン］＞［新規追加］で検索して追加することができます。

サイト構造の設定を行う

　カスタム投稿タイプやカスタム分類を利用した場合においても、サイトマップやパンくずナビが適切に表示されるようにするには、管理画面の［WP SiteManager］＞［サイト構造］で設定を行う必要があります。

　［サイト構造定義］には、投稿、そして設定しているカスタム投稿タイプの名前が項目として自動で表示されます。各項目の1つ目のプルダウンメニューで投稿タイプを紐付ける固定ページを、2つ目のプルダウンメニューで表示する内容を選択します。

　このように、投稿やカスタム投稿タイプを固定ページのいずれかと紐付けて、データの構造としてもトップページを頂点としたツリー構造を形作れるようにします。

252

13 | 01　パンくずナビゲーションを表示する

投稿タイプを紐付ける固定ページを選択　　表示する内容を選択

● パンくずナビを表示する

WP SiteManagerを使ってパンくずナビを表示するには、テンプレートファイル上のパンくずナビを表示したい箇所に、次のようにパンくずナビ用のテンプレートタグを記述します。

▼ パンくずナビ用のテンプレートタグ

```
<?php if ( class_exists( 'WP_SiteManager_bread_crumb' ) ) { WP_SiteManager_bread_crumb::
bread_crumb(); } ?>
```

サンプルサイトでは、header.phpの最後でパンくずナビを表示するようにしています。トップページでは、パンくずナビの表示は不要なので、条件分岐タグのis_front_page()を使って除外します。条件分岐タグの前に記述される「!」は、否定を意味し「トップページではない場合」となります。

CODE　　パンくずナビを表示する（header.php）

```
  <div id="main">
<?php
if ( ! is_front_page() ) :          ❶
?>
   <div class="bread">
     <div class="inner">
<?php
  if ( class_exists( 'WP_SiteManager_bread_crumb' ) ) {
    WP_SiteManager_bread_crumb::bread_crumb();          ❷
  }
?>
     </div>
   </div>
<?php
endif;
?>
```

❶ トップページ以外では、endifまでのコードが表示されるように分岐処理を行う。
❷ パンくずナビを出力する。

253

13 | 01　パンくずナビゲーションを表示する

WP SiteManagerを使ったパンくずナビのデフォルトの表示例

▼ 出力されるパンくずナビのHTMLコードの例

```
<div class="bread">
  <div class="inner">
    <ul class="bread_crumb">
      <li class="level-1 top"><a href="http://example.com/">トップページ</a></li>
      <li class="level-2 sub"><a href="http://example.com/company/">会社概要</a></li>
      <li class="level-3 sub tail current">社長あいさつ</li>
    </ul>
  </div>
</div>
```

CSSで表示スタイルを調整する

　パンくずナビを表示できましたが、リストのマーカーが表示されていたり、縦並びになるなど、パンくずナビの見た目として適切とはいえません。CSSを用いて、リストマーカーの非表示とテキストサイズの調整を行います。style.cssに次のコードを追加して見た目を整えます。

CODE　　パンくずナビの見た目を整える（style.css）

```
/* ================================================================
   bread_crumb
================================================================ */

.bread {
  margin-bottom: 30px;
  padding: 10px 0;
  background: #f4f4f4;
}

.bread_crumb {
  overflow: hidden;
  margin-bottom: 0;
  font-size: 0.8em;
}
.bread_crumb li {
  float: left;
  list-style: none;
```

254

13 | 01 パンくずナビゲーションを表示する

```
}
.bread_crumb a {
  padding-right: 10px;
  background: url(images/bg_bread.png) no-repeat right center;
}
```

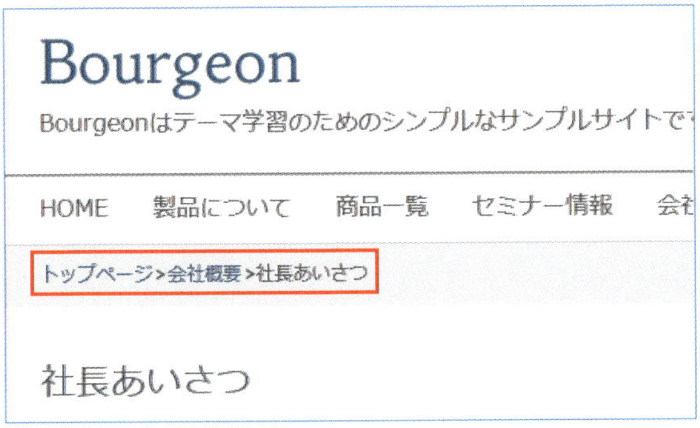

CSSで表示を整えたパンくずナビ

●パラメータで表示内容をカスタマイズする

WP SiteManagerのパンくずナビでは、パラメータを指定することで、表示テキストや出力されるclassなどを変更できます。例えば、「トップページ」テキストを「トップ」とし、ソースコードのインデント調整を行うことができます。その場合は、パンくずナビのテンプレートタグのパラメータに、トップページのテキストを指定する「home_label」とインデントを指定する「indent」の2つを「&」でつないで記述します。

▼パラメータでパンくずナビの表示内容や出力コードを変更する

```php
<?php if ( class_exists( 'WP_SiteManager_bread_crumb' ) ) { WP_SiteManager_bread_crumb::
bread_crumb( 'home_label=トップ&indent=4' ); } ?>
```

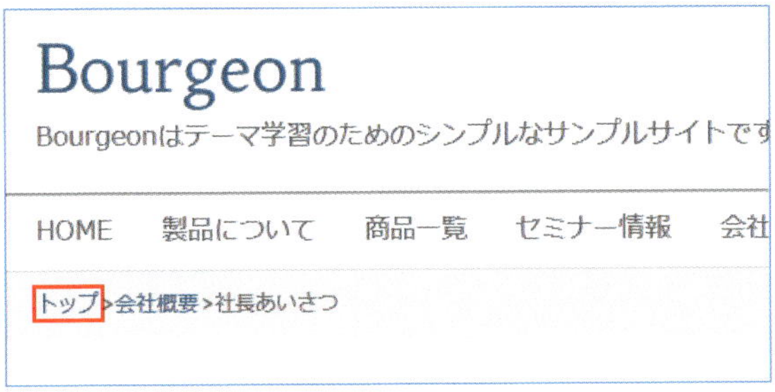

パラメータの指定で「トップページ」の表示が「トップ」に変更される。

この他にも様々なパラメータがあり、出力されるパンくずナビのコードをカスタマイズできます。

13 | 01　パンくずナビゲーションを表示する

▼ パンくずナビ用のテンプレートタグのパラメータ

パラメータ	内容
type	「string」を指定すると、リストではなく文字列として出力する。デフォルトは「list」
home_label	パンくずナビのホーム部分の表示テキスト。デフォルトは「トップページ」
search_label	検索結果の表示テキスト。デフォルトは「『%s』の検索結果」(%sが検索文字列)
404_label	404ページの表示テキスト。デフォルトは「404 Not Found」
category_label	カテゴリーの表示テキスト。デフォルトは「%s」(%sがカテゴリー名)
tag_label	投稿タグの表示テキスト。デフォルトは「%s」(%sが投稿タグ名)
taxonomy_label	カスタム分類の表示テキスト。デフォルトは「%s」(%sが分類名)
author_label	作成者の表示テキスト。デフォルトは「%s」(%sが作成者名)
attachment_label	添付ファイルの表示テキスト。デフォルトは「%s」(%sが添付ファイル名)
year_label	年の表示テキスト。デフォルトは「%s年」(%sが年の数字)
month_label	月の表示テキスト。デフォルトは「%s月」(%sが月の数字)
day_label	日の表示テキスト。デフォルトは「%s日」(%sが日の数字)
joint_string	typeでstringを指定した場合の結合文字列。デフォルトは「>」(>)
navi_element	ラッパー要素名。divまたはnavを選択可能。デフォルトは空（要素なし）
elm_class	ラッパー要素のclass。ラッパー要素がなくtypeがリストの場合は、ulのclassとなる。デフォルトは「bread_crumb」
elm_id	ラッパー要素のid。ラッパー要素がなくtypeがリストの場合は、ulのidとなる。デフォルトは空（idなし）
li_class	typeがリストの場合のliに付くclass。デフォルトは空（なし）
class_prefix	各classに付く接頭辞。デフォルトは空（なし）
current_class	表示中のページのパンくずナビに付くclass。デフォルトは「current」
indent	タブでのインデント数。デフォルトは「0」
echo	出力を行うかどうか。デフォルトは「true（出力）」。「0」または「false（非出力）」を指定すると、PHPの値としてreturnする。

● フックを使ってパンくずナビの項目を変更する

　記事が複数のカスタム分類やカテゴリーに属している場合、パンくずナビに意図とした内容とは異なるカテゴリーが表示されることがあります。このようなときは、フィルターフックを利用して表示される項目を変更できます。

　ここではサンプルサイトの商品ページと商品一覧ページで「商品」となってしまっている表示テキストを「商品一覧」に変更し、さらに商品のカスタム分類のアーカイブで「商品一覧」のリンク項目を追加する場合を例とし、説明していきます。

> トップ >商品 >花 >プリザーブドフラワー >ウエディングブーケ

修正前：商品ページのパンくずナビ

> トップ >商品

修正前：商品一覧ページのパンくずナビ

256

13 | 01　パンくずナビゲーションを表示する

> トップ ＞花 ＞プリザーブドフラワー

修正前：商品のカスタム分類のアーカイブのパンくずナビ

　functions.phpに次のコードを追加します。関数で受け取る値「$bread_crumb_arr」には、パンくずナビで表示される全項目が添字配列で格納されているので、この配列を変更したり、項目を追加することによって、表示をカスタマイズできます。

CODE　フックを使ってパンくずナビの項目を変更する (function.php)

```php
function bourgeon_bread_crumbs( $bread_crumb_arr ) {
  if ( is_tax( 'type' ) ) {                              ❶
    $top = array_shift( $bread_crumb_arr );             ❷
    array_unshift(
      $bread_crumb_arr, $top, array(
        'link'  => get_post_type_archive_link( 'product' ),
        'title' => '商品一覧',                             ❸
      )
    );
  } elseif ( is_singular( 'product' ) || is_post_type_archive( 'product' ) ) {  ❹
    $bread_crumb_arr[1]['title'] = '商品一覧';            ❺
  }

  return $bread_crumb_arr;
}
add_filter( 'bread_crumb_arr', 'bourgeon_bread_crumbs' );
```

❶ 条件分岐タグを使い、商品のカスタム分類のアーカイブページの場合のみ、❷と❸が適用されるようにする。
❷「 商品一覧」は2つ目に表示する項目であるため、いったん配列の最初にある「トップページ」の項目をarray_shift()を用いて取り出す。
❸ array_unshift()を用いて、「トップページ」と「商品一覧」の項目を配列の最初に追加する。
❹ 商品ページと商品一覧ページの場合のみ❺が適用されるようにする。
❺ $bread_crumb_arrの添字1（2つ目の項目）のtitleを「商品一覧」にする。

> トップ ＞商品一覧 ＞花 ＞プリザーブドフラワー ＞ウエディングブーケ

修正後：商品ページのパンくずナビ

> トップ ＞商品一覧

修正後：商品一覧ページのパンくずナビ

> トップ ＞商品一覧 ＞花 ＞プリザーブドフラワー

修正後：商品のカスタム分類ページのパンくずナビ

CHAPTER	SECTION	サイトの使い勝手をよくする小技
13	**02**	**ページングを導入する**

> カテゴリーなどのアーカイブページでは、表示項目が多い場合、一定数ごとに区切り、ページを分割して表示することが一般的です。「WP SiteManager」プラグインの機能を用いてページングを導入してみましょう。

WordPressには、前後ページへのリンクを出力するテンプレートタグは存在しますが、ページを飛ばして移動したり、最後のページへ移動したりすることはできず、あまり使い勝手がよくありません。そこで、「WP SiteManager」プラグインの機能を用いてページングを表示していきます。

● ページングを表示する

ページングを表示するには、WordPressループの外で、表示したい箇所に次のテンプレートタグを記述します。

▼ ページング用のテンプレートタグ

```php
<?php if ( class_exists( 'WP_SiteManager_page_navi' ) ) { WP_SiteManager_page_navi::page_navi(); } ?>
```

サンプルサイトのアーカイブページに表示されている前後ページへのリンクをページングに差し替えてみます。archive.phpで前後ページへのリンク部分を削除し、替わりに「WP SiteManager」プラグインのページングのコードを記述します。

▼ 前後ページへのリンク部分（archive.php）

```php
<?php

（略）

  if( $wp_query->max_num_pages > 1 ) :
?>
        <div class="navigation">
<?php
  if ( ( ! get_query_var( 'paged' ) && 1 == $wp_query->max_num_pages ) || ( get_query_var( 'paged' ) < $wp_query->max_num_pages ) ) :
?>
        <div class="alignleft"><?php next_posts_link( '&laquo; 前へ' ); ?></div>
<?php
  endif;
  if ( get_query_var( 'paged' ) ) :
?>
        <div class="alignright"><?php previous_posts_link( '次へ &raquo;' ); ?></div>
<?php
  endif;
```

13 | 02　ページングを導入する

```php
?>
      </div>
<?php
  endif;
?>
```

▼ページング差し替え後(archive.php)

```php
<?php

(略)

  if ( class_exists( 'WP_SiteManager_page_navi' ) ) {
    WP_SiteManager_page_navi::page_navi();
  }
?>
```

> 📁サンプル | 🏷画像
>
> - 1
> - 2
> - 3
> - \>
> - »

「WP SiteManager」プラグインを使ったページングのデフォルトの表示例

▼出力されるページングのHTMLコードの例

```html
<ul class="page_navi">
  <li class="current"><span>1</span></li>
  <li class="after delta-1"><a href="http://example.com/2015/12/page/2/">2</a></li>
  <li class="after delta-2 tail"><a href="http://example.com/2015/12/page/3/">3</a></li>
  <li class="next"><a href="http://example.com/2015/12/page/2/">&gt;</a></li>
  <li class="last"><a href="http://example.com/2015/12/page/3/">&raquo;</a></li>
</ul>
```

CSSで表示スタイルを調整する

　ページングの表示はできるようになりましたが、見栄えがよくありません。style.cssに次の
コードを追加して見た目を整えます。

CODE　　ページングの見た目を整える (style.css)

```css
.page_navi {
  text-align: center;
}
```

259

13 | 02　ページングを導入する

```css
.page_navi li {
  display: inline;
  list-style: none;
}
.page_navi li.current span {
  color: #000000;
  font-weight: bold;
  display: inline-block;
  padding: 3px 7px;
  background: #feefee;
  border: solid 1px #fccfcc;
}
.page_navi li a {
  color: #333333;
  padding: 3px 7px;
  background: #eeeeee;
  display: inline-block;
  border: solid 1px #999999;
  text-decoration: none;
}
.page_navi li a:hover {
    color: #f00f00;
}
.page_navi li.page_nums {
  display: block;
  margin-top: 10px;
}
.page_navi li.page_nums span {
  color: #ffffff;
  padding: 3px 7px;
  background: #666666;
  display: inline-block;
  border: solid 1px #333333;
}
```

CSSで表示を整えたページング

○パラメータで表示内容をカスタマイズする

　テンプレートタグを記述しただけでもページングは問題なく機能しますが、パラメータを指定することによって、表示項目や表示される項目数を変更できます。前述のテンプレートタグを次のように修正します。

13 | 02 ページングを導入する

CODE パラメータでページングの表示内容や出力コードを変更（sample/archive.php）

```
if ( class_exists( 'WP_SiteManager_page_navi' ) ) {
  WP_SiteManager_page_navi::page_navi( 'items=7&prev_label=前へ&next_label=次へ&first_label=最初&last_label=最後&show_num=1&num_position=after' );
}
```

ここで指定されたパラメータは次のような意味となります。

- ナビ表示数は最大7つ
- 前ページのリンクラベルは「前へ」
- 次ページのリンクラベルは「次へ」
- 最初のページのリンクラベルは「最初」
- 最後のページのリンクラベルは「最後」
- ページ数の表示を行い、位置は後

パラメータを指定したコードの結果

この他にも様々なパラメータがあり、出力されるページングのコードをカスタマイズすることができます。

▼ページング用のテンプレートタグのパラメータ

パラメータ	内容
items	ナビゲーションの表示数。現状表示しているページを含むため、前後の表示数を揃えたい場合は奇数を指定する。デフォルトは「11」
show_adjacent	前後ページへのリンクを表示するかどうか。デフォルトは「true（表示）」
prev_label	前ページリンクのリンクテキスト。デフォルトは「<」（<）
next_label	次ページリンクのリンクテキスト。デフォルトは「>」（>）
show_boundary	最初と最後のページへのリンクを表示するかどうか。デフォルトは「true（表示）」
first_label	最初のページへのリンクテキスト。デフォルトは「«」（«）
last_label	最後のページへのリンクテキスト。デフォルトは「»」（»)
show_num	現在位置（現在ページ／全体ページ数）を表示するかどうか。デフォルトは「false（非表示）」
num_position	現在位置（現在ページ／全体ページ数）の表示位置。デフォルトは「before（前）」。後に表示したい場合は「after」を指定
num_format	現在位置（現在ページ／全体ページ数）の表示フォーマット。デフォルトは、%d/%d（nn/mm）
navi_element	ページングのラッパー要素。divかnavを指定可能。デフォルトは空（ラッパー要素なし）
elm_class	ラッパー要素のclass。ラッパー要素がない場合はulのclass。デフォルトは「page_navi」
elm_id	ラッパー要素のid。ラッパー要素がない場合はulのid。デフォルトは空（idなし）
li_class	ページングの全てのliに付くclass。デフォルトは空（classなし）
current_class	現在ページのliに付くclass。デフォルトは「current」
current_format	現在ページの表示フォーマット。デフォルトは「%d」
class_prefix	class名の接頭辞。ページナビで出力されるclass全てに追加される。デフォルトは空（接頭辞なし）
indent	タブインデント数。デフォルトは0
echo	ページナビを出力するかどうか。デフォルトは「true（出力）」。「0」または「false（非出力）」を指定すると、PHPの値としてreturnする。

CHAPTER 13 SECTION 03　サイトの使い勝手をよくする小技

サイトマップを表示する

企業サイトの多くは、閲覧者のためにサイトマップページを用意しています。「WP SiteManager」プラグインの機能を用いて、サイトマップを表示してみましょう。

　サイトマップは、Webサイトの構造を視覚的に把握できる目次としての役割を持ち、閲覧者がWebサイト内で迷ったり、目的の情報を見つけられなかったときにサポートしてくれるものです。「WP SiteManager」プラグインのサイトマップ表示機能を用いて、サイトマップを表示してみましょう。

◉ WP SiteManagerのサイトマップ表示機能を使う

　まず、サイトマップを表示するための固定ページを作成し、本文欄に[sitemap]と記述します。作成後、その固定ページを開いて、サイトマップが表示されているか確認しましょう。

固定ページを作成し、本文欄に[sitemap]と記述する。

- サイトマップ
  - トップページ
  - 会社概要
    - 店舗情報
      - 千葉支店
      - 横浜支店
    - 社長あいさつ
  - 製品について
    - 製品の特長
  - お問い合わせ
  - サイトマップ
  - ブログ

WP SiteManagerの機能で作成したサイトマップの例

13 | 03　サイトマップを表示する

特定のページをサイトマップに表示しない

　特定のページをサイトマップに表示したくない場合は、その記事の編集画面の［公開］設定欄に追加されている［サイトマップの表示から除外する］のチェックボックスにチェックを入れて更新します。

「WP SiteManager」プラグインを有効にすると、［公開］設定欄に［サイトマップの表示から除外する］チェックボックスが追加される。サイトマップに表示したくない場合は、このチェックボックスにチェックを入れる。

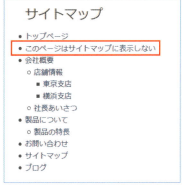

設定前　　　　　　　　　　　　　　　設定後

設定を変更して表示スタイルを変更する

　WP SiteManagerでは、サイトマップの表示スタイルが5種類用意されており、管理画面から選択できるようになっています。管理画面の［WP SiteManager］＞［サイト構造］をクリックし、［サイトマップ設定］の［スタイルの変更］プルダウンメニューから選びます。

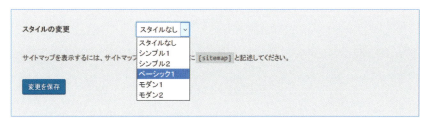

サイトマップの表示スタイルを［スタイルの変更］プルダウンメニューから選ぶことができる。

263

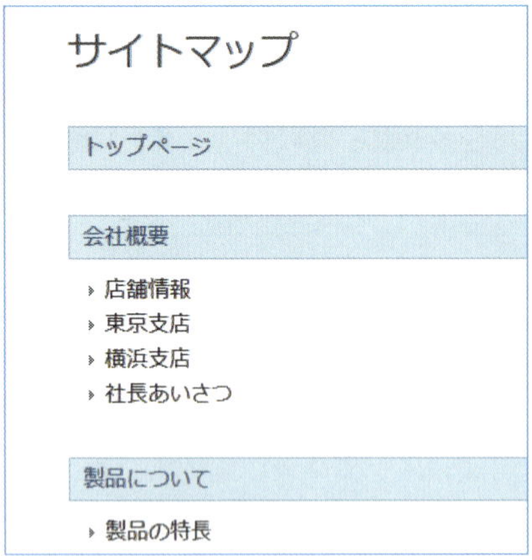

13 | 03 サイトマップを表示する

サイトマップ

トップページ

会社概要
- 店舗情報
- 東京支店
- 横浜支店
- 社長あいさつ

製品について
- 製品の特長

スタイル「ベーシック1」

サイトマップ

トップページ

会社概要
- 店舗情報
- 東京支店
- 横浜支店
- 社長あいさつ

製品について
- 製品の特長

スタイル「シンプル1」

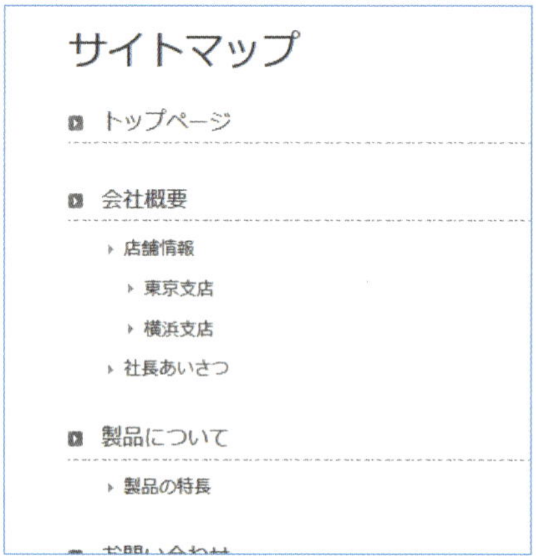

サイトマップ

トップページ

会社概要
- 店舗情報
- 東京支店
- 横浜支店
- 社長あいさつ

製品について
- 製品の特長

スタイル「シンプル2」

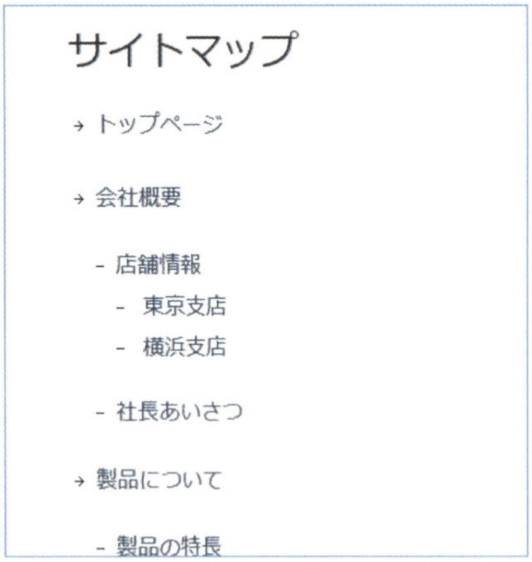

サイトマップ

→ トップページ

→ 会社概要

- 店舗情報
  - 東京支店
  - 横浜支店

- 社長あいさつ

→ 製品について

- 製品の特長

スタイル「モダン1」

サイトマップ

トップページ

会社概要
→ 店舗情報
  → 東京支店
  → 横浜支店

→ 社長あいさつ

製品について
→ 製品の特長

スタイル「モダン2」

13 | 03 サイトマップを表示する

●自作したCSSをサイトマップに適用する

サイトマップの表示スタイルは、用意されているスタイルに加え、自分で作成したCSSを適用することもできます。自作したCSSを適用するには、「sitemap.css」というファイル名でCSSファイルを作成し、プラグインに認識させるためのコメントを記述します。

このコメント部分には「名前」「説明文」「バージョン」の3つを記述します。このCSSファイルを指定のディレクトリにアップロードすると、自動的にWP SiteManagerが認識し、ドロップダウンメニューに選択肢として追加されます。アップロードするディレクトリは、/wp-content/sitemap-styles/内に、スタイルごとにフォルダを分けてアップロードします。

▼WP SiteManagerに自作CSSを認識させるためのコメント

```
/*
* Style Name: ぶるじょん
* Description: ぶるじょんサイトのためのサイトマップCSS
* Version: 1.0
*/
```

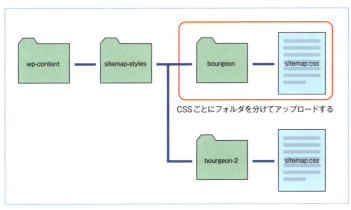

CSSファイルのアップロード場所

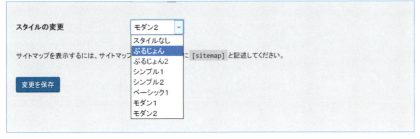

CSSファイルをアップロードすると選択できるようになる。

CHAPTER 13 SECTION 04　サイトの使い勝手をよくする小技

ローカルナビゲーションを表示する

通常、サイト全体で表示するメインナビゲーションの他に、各ページごとに関連したローカルナビゲーションを設置します。「WP SiteManager」プラグインの機能を用いて、ローカルナビゲーションを表示してみましょう。

ローカルナビゲーションとは、メインとなるナビゲーションをクリックしたときに、同一カテゴリーのページへの回遊率を高めるための補助的なナビゲーションのことです。「WP SiteManager」プラグインの機能を用いて、ローカルナビゲーションを表示してみましょう。

◉ WP SiteManagerのサブナビウィジェット機能を使う

WP SiteManagerを有効にすると、管理画面の［外観］＞［ウィジェット］に［サブナビ］というウィジェットが追加されます。このウィジェットをウィジェットエリアに配置するだけで、ローカルナビゲーションを表示できます。

［サブナビ］ウィジェットをドラッグしてウィジェットエリアに配置する。

WP SiteManagerを使ったローカルナビゲーションの例

13｜04　ローカルナビゲーションを表示する

ローカルナビゲーションの表示内容を変更する

　［サブナビ］ウィジェットでは、ウィジェットの設定画面で「表示する内容」「タイトル」「表示数」などを以下の種類ごとに設定できます。

- トップページ
- カテゴリーなどのアーカイブページと投稿ページ
- 固定ページ

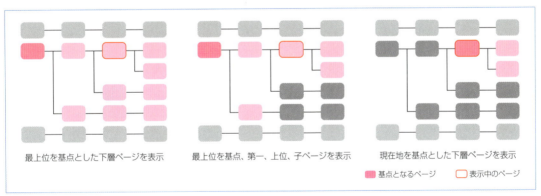

トップページの設定：［表示タイプ］でチェックした投稿タイプを、公開日時順、または更新日時順に表示できる。

投稿・アーカイブページの設定：［表示内容］の設定によって、カテゴリー、または期間別のナビゲーションを表示する。［表示内容］で「カテゴリー」を選択した場合は、カテゴリーの表示順を選択することも可能

固定ページの設定：表示しているページの親、または子ページをナビゲーションとして表示する。［表示内容］の各項目については、下図を参照

固定ページの設定における［表示内容］の各項目。ピンクがローカルナビゲーションとして表示される。

ローカルナビゲーションを自作する

　［サブナビ］ウィジェットだけでは、目的とする表示内容を実現できないケースが出てくる場合もあります。このようなときは、「WP SiteManager」プラグインの機能を使わずに、条件分岐タグとテンプレートタグを組み合わせて、適したローカルナビゲーションを実現することが可能です。

13 | 04 ローカルナビゲーションを表示する

固定ページのローカルナビゲーション

固定ページをナビゲーションとして表示する場合は、テンプレートタグのwp_list_pages()を使います。Webサイトの階層が3階層程度までであれば、最上位の固定ページの子ページ全てを表示するのが一般的です。

CODE　固定ページのローカルナビゲーションを表示する（sample/sidebar-page-1.php）

```php
<?php
  if ( $post->post_parent ) {                                    ●1
    $parents_num = count( $post->ancestors );                    ●2
    $root_id = $post->ancestors[$parents_num - 1];
  } else {
    $root_id = $post->ID;                                        ●3
  }
?>
<h2><?php echo get_the_title( $root_id ); ?></h2>                ●4
<ul>
<?php
  wp_list_pages(                          ●5
    array(
      'title_li' => '',
      'include' => $root_id,
    )
  );
  wp_list_pages(                          ●6
    array(
      'title_li' => '',
      'child_of' => $root_id,
    )
  );
?>
        </ul>
```

●1 現在の固定ページが、親ページを持っているかを判別する。
●2 $post->ancestorsには、現在の固定ページの親ページのIDが階層の深い方から順に配列で入っているので、PHPのcount()で配列の要素数を取得して、「その要素数−1」をキーとする値を取得する、最上位の固定ページのIDを取得できる。
●3 親ページを持たない場合は、現在の固定ページを最上位とする。
●4 最上位の固定ページのタイトルを取得して表示する。
●5 最上位のページのIDをincludeパラメータに指定して、最上位の固定ページをナビゲーションとして表示する。
●6 最上位のページのIDをchild_ofパラメータに指定して、子ページのナビゲーションを表示する。

カテゴリー・カスタム分類のローカルナビゲーション

カテゴリーやカスタム分類のナビゲーションを表示する場合は、テンプレートタグのwp_list_categories()を使います。

13 | 04 ローカルナビゲーションを表示する

CODE カテゴリーページやカスタム分類ページのローカルナビゲーションを表示する（sidebar.php）

```php
        <h2 class="widget-title">商品の分類</h2>
        <ul>
<?php
wp_list_categories(
  array(
    'taxonomy' => 'type',
    'title_li' => '',
  )
);
?>
        </ul>
```

期間別のローカルナビゲーション

期間別のナビゲーションを表示する場合は、テンプレートタグのwp_get_archives()を使います。

CODE カスタム投稿の期間別ナビゲーションを表示する（sidebar.php）

```php
        <h2 class="widget-title">商品月別アーカイブ</h2>
        <ul>
<?php
wp_get_archives( 'type=monthly&post_type=product' );
?>
        </ul>
```

投稿のローカルナビゲーション

ローカルナビゲーションに、新着情報を表示するには、Chapter 11の02で紹介しているサブループで表示する方法を用います。

▼ローカルナビゲーションに新着情報を表示する

```php
        <h2 class="widget-title">新着情報</h2>
<?php
$args = array(
  'post_type'      => array( 'post' ),        ❶
  'posts_per_page' => 5,
);
$new_posts = new WP_Query( $args );           ❷
if ( $new_posts->have_posts() ) :             ❸
?>
        <ul>
<?php
  while ( $new_posts->have_posts() ) :        ❹
    $new_posts->the_post();
?>
```

269

13 | 04 ローカルナビゲーションを表示する

```php
            <li><a href="<?php the_permalink(); ?>"><?php the_title(); ?></a></li>
<?php
  endwhile;
?>
        </ul>
<?php
endif;
wp_reset_postdata();
?>
```
⑤ (指向 `<li>...` 行末)
⑥ (指向 `endwhile;`)
⑦ (指向 `endif;`)
⑧ (指向 `wp_reset_postdata();`)

❶ サブループのパラメータを指定する。post_typeは投稿タイプの指定となり、posts_per_pageは取得する最大件数を意味し、orderbyはソートする項目を指定している。
❷ クエリーオブジェクトを作成し、パラメータに応じた記事情報を変数$new_postsに代入する。
❸ 表示する記事が存在するか条件分岐を行う。存在していない場合は、ここからendifまでの処理がスキップされる。
❹ whileでサブループを開始し、$news_posts->the_post();でループ中のテンプレートが利用できる設定を行う。
❺ the_permalink()とthe_title()を用いて、新着情報のリストを表示する。
❻ サブループを終了する。
❼ 条件分岐を終了する。
❽ サブループで改変されたデータをメインループのものに差し戻す。

　ローカルナビゲーションに、更新情報（新規公開や更改を含めての変更情報）を表示するには、新着情報とほぼ同一のコードとなります。

CODE　ローカルナビゲーションに更新情報を表示する（sidebar.php）

```php
        <h2 class="widget-title">更新情報</h2>
<?php
$args = array(
  'post_type'      => array( 'post', 'news', 'page', 'product', 'seminar', ),
  'posts_per_page' => 5,
  'orderby'        => 'modified',
);
$modified_posts = new WP_Query( $args );
if ( $modified_posts->have_posts() ) :
?>
        <ul>
<?php
  while ( $modified_posts->have_posts() ) :
    $modified_posts->the_post();
?>
            <li><a href="<?php the_permalink(); ?>"><?php the_title(); ?></a></li>
<?php
  endwhile;
?>
        </ul>
<?php
endif;
wp_reset_postdata();
?>
```
❶ (指向 `$args = array(...)` ブロック)

❶ パラメータを指定する。post_typeを複数指定したい場合は配列で指定する。また、更新の新しい順に取得したいので、順序のパラメータであるorderbyにmodifiedを指定する。

CHAPTER **14** SECTION **01**

効率よく運用するヒント

ユーザーと権限グループについて理解する

WordPressでは、ユーザーによって利用できる機能を制限することができます。この仕組みを形作っている「権限グループ」と「権限」について理解しましょう。

●デフォルトの権限グループと権限

WordPressでは、「管理者」「編集者」「投稿者」「寄稿者」「購読者」という5つの権限グループがあり、このグループごとに利用できる機能が異なっています。例えば、管理者は全ての機能を利用できますが、編集者は設定を、投稿者は固定ページの作成・編集を利用できないようになっています。

マルチサイトの場合は、管理者の上位に「ネットワーク管理者」というネットワーク全体を管理できる特別な権限グループが存在します。

▼ 権限グループと権限

権限名	ネットワーク管理者	管理者	編集者	投稿者	寄稿者	購読者
ネットワーク管理 manage_network	○					
サイト管理 manage_sites	○					
ネットワークユーザー管理 manage_network_users	○					
ネットワークプラグイン管理 manage_network_plugins	○					
ネットワークテーマ管理 manage_network_themes	○					
ネットワーク設定 manage_network_options	○					
プラグイン有効化 activate_plugins	○	○				
ユーザーの追加 create_users	○	○				
プラグイン削除 delete_plugins	○	○				
テーマの削除 delete_themes	○	○				
ユーザー削除 delete_users	○	○				
ファイルの編集 edit_files	○	○				
プラグインの編集 edit_plugins	○	○				
テーマ設定の変更 edit_theme_options	○	○				
テーマファイルの編集 edit_themes	○	○				
ユーザーの編集 edit_users	○	○				
エクスポート Export	○	○				
インポート Import	○	○				
プラグインのインストール install_plugins	○	○				
テーマのインストール install_themes	○	○				

271

14 | 01　ユーザーと権限グループについて理解する

権限名	ネットワーク管理者	管理者	編集者	投稿者	寄稿者	購読者
ユーザー一覧表示 list_users	○	○				
設定の変更 manage_options	○	○				
ユーザーの権限グループ変更 promote_users	○	○				
ユーザーの除外 remove_users	○	○				
テーマの変更 switch_themes	○	○				
WordPressのアップデート update_core	○	○				
プラグインのアップデート update_plugins	○	○				
テーマファイルのアップデート update_themes	○	○				
ダッシュボードの編集 edit_dashboard	○	○				
コメント承認 moderate_comments	○	○	○			
カテゴリーの管理 manage_categories	○	○	○			
リンク管理 manage_links	○	○	○			
他ユーザー作成の投稿編集 edit_others_posts	○	○	○			
固定ページの編集 edit_pages	○	○	○			
他ユーザー作成の固定ページ編集 edit_others_pages	○	○	○			
公開済み固定ページの編集 edit_published_pages	○	○	○			
固定ページの公開 publish_pages	○	○	○			
固定ページの削除 delete_pages	○	○	○			
他ユーザー作成の固定ページ削除 delete_others_pages	○	○	○			
公開済み固定ページの削除 delete_published_pages	○	○	○			
他ユーザー作成の投稿削除 delete_others_posts	○	○	○			
非公開投稿の削除 delete_private_posts	○	○	○			
非公開投稿の編集 edit_private_posts	○	○	○			
非公開投稿の閲覧 read_private_posts	○	○	○			
非公開固定ページの削除 delete_private_pages	○	○	○			
非公開固定ページの編集 edit_private_pages	○	○	○			
非公開固定ページの閲覧 read_private_pages	○	○	○			
HTMLのタグ制限なし unfiltered_html	○	○	○			
公開済み投稿の編集 edit_published_posts	○	○	○	○		
ファイルアップロード upload_files	○	○	○	○		
投稿の公開 publish_posts	○	○	○	○		
公開済み投稿の削除 delete_published_posts	○	○	○	○		
投稿の編集 edit_posts	○	○	○	○	○	
投稿の削除 delete_posts	○	○	○	○	○	
閲覧 Read	○	○	○	○	○	○

14 | 01 ユーザーと権限グループについて理解する

● ユーザーと権限グループの関係

ユーザーは、この権限グループのいずれかに属することになり、それぞれに適した機能のみを利用できるようになっています。

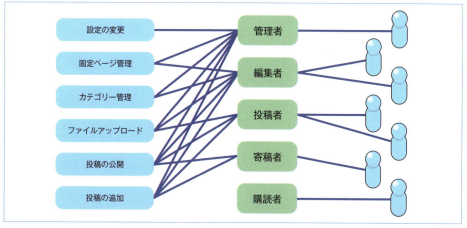

権限、権限グループ、ユーザーの関係図

ユーザーの追加は、ユーザーの追加権限を持ったユーザーのみが行うことができ、ユーザーの追加および編集時に権限グループを選択できるようになっています。

権限グループごとに利用できる機能が制限されているため、管理画面のメニュー構成は権限グループごとに異なります。

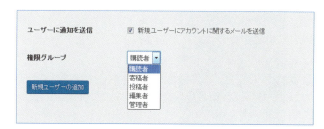

ユーザーの追加および編集時に権限グループを選択できる。

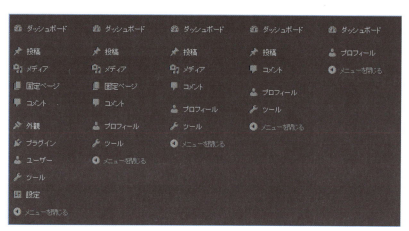

権限グループで異なる管理画面のメニュー構成

CHAPTER 14 SECTION 02　効率よく運用するヒント

権限をカスタマイズする

WordPressにデフォルトで用意されている権限グループや権限では、要件を満たせないこともあります。「User Role Editor」というプラグインを使えば、権限や権限グループをカスタマイズできます。

● User Role Editorを使って権限をカスタマイズする

　権限をカスタマイズするプラグインとして、一般的に利用されているものに「User Role Editor」があります。このプラグインでは、チェックボックスを用いて、権限グループに権限の追加・削除を行うことができるほか、権限グループや権限自体を新設することもできます。

　User Role Editorは、管理画面の［プラグイン］＞［新規追加］で検索して追加できます。User Role Editorをインストールすると、［ユーザー］メニューに「User Role Editor」が追加され、このメニューよりカスタマイズできるようになります。

メニューに「User Role Editor」が追加される。

● 権限グループに権限の追加・削除を行う

　管理画面の［ユーザー］＞［User Role Editor］の［Select Role and change its capabilities］で権限グループを選択し、［Core capabilities］の各権限のチェックボックスを変更することで、権限の追加・削除を行うことができます。WordPressデフォルトの権限は［Core capabilities］に表示され、独自に追加した権限が存在する場合は［Core capabilities］の下に［Custom capabilities］として別枠で表示されます。

14 | 02　権限をカスタマイズする

User Role Editor

Select Role and change its capabilities: 購読者 (subscriber) ──── 権限グループを選択

☐ Show capabilities in human readable form　☐ Show deprecated capabilities

Core capabilities:　　　　　　　　　　　　　　　　　　　Quick filter:

WordPressデフォルト
の権限

☐ activate_plugins ❓	☐ edit_private_posts	☐ remove_users
☐ add_users ❓	☐ edit_published_pages	☐ switch_themes
☐ create_users ❓	☐ edit_published_posts	☐ unfiltered_html
☐ delete_others_pages ❓	☐ edit_theme_options	☐ unfiltered_upload
☐ delete_others_posts ❓	☐ edit_themes	☐ update_core ❓
☐ delete_pages ❓	☐ edit_users	☐ update_plugins
☐ delete_plugins ❓	☐ export	☐ update_themes
☐ delete_posts ❓	☐ import	☐ upload_files
☐ delete_private_pages	☐ install_plugins	
☐ delete_private_posts	☐ install_themes	
☐ delete_published_pages ❓	☐ list_users	
☐ delete_published_posts ❓	☐ manage_categories	
☐ delete_themes ❓	☐ manage_links	
☐ delete_users ❓	☐ manage_options	
☐ edit_dashboard ❓	☐ moderate_comments ❓	
☐ edit_others_pages	☐ promote_users	
☐ edit_others_posts	☐ publish_pages	
☐ edit_pages	☐ publish_posts	
☐ edit_plugins ❓	☑ read ❓	
☐ edit_posts	☐ read_private_pages	
☐ edit_private_pages	☐ read_private_posts	

Select All
Unselect All
Reverse

Update

Add Role
Rename Role
Add Capability
Delete Role

Reset

Custom capabilities:

独自に追加した権限

☐ backwpup	☐ backwpup_jobs_start	☐ ure_delete_capabilities
☐ backwpup_backups	☐ backwpup_logs	☐ ure_delete_roles
☐ backwpup_backups_delete	☐ backwpup_logs_delete	☐ ure_edit_roles ❓
☐ backwpup_backups_download	☐ backwpup_settings	☐ ure_manage_options
☐ backwpup_jobs	☐ ure_create_capabilities	☐ ure_reset_roles
☐ backwpup_jobs_edit	☐ ure_create_roles	

権限グループを選択して、付与したい権限にチェックを入れる。

● 権限グループを新たに作成する

　デフォルトの権限グループへの権限追加・削除だけでなく、権限グループそのものを新たに追加できます。［Add Role］ボタンをクリックすると、［Add New Role］ダイアログボックスが表示され、追加する権限グループのスラッグ（半角のみ）と表示名を入力し、権限をコピーする権限グループを選択します。

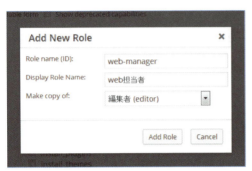

［Add New Role］ダイアログボックス。スラッグと表示名を入力し、権限をコピーする権限グループを選択する。

● 権限を新たに作成する

　権限そのものを追加することもできます。［Add Capability］ボタンをクリックすると［Add Capability］ダイアログボックスが表示され、追加する権限のスラッグ（半角のみ）を設定できます。

　例えば、「コメント」メニューの表示を制御するための権限として、「comments-menu」というスラッグで追加する例を説明します。ただし、この段階では権限名を追加しただけなので、「comments-menu」項目にチェックを入れても何も起きません。Chapter 14の03で説明する「Admin Menu Editor」プラグインなどと併用することで、機能するようになります。

　カスタム投稿タイプの編集権限を、投稿や固定ページの権限と切り分けたい場合には、User Role Editorで新たに権限を作成するとよいでしょう。

［Add Capability］ダイアログボックス。追加する権限のスラッグを入力する。

CHAPTER 14　SECTION 03

効率よく運用するヒント

管理画面に表示するメニューを変更する

WordPressに慣れていないユーザーがいる場合、利用しないメニューは表示しないようにする方が適切です。プラグインを用いて、管理画面のメニューをカスタマイズする方法を説明します。

● Admin Menu Editorを使ってメニューをカスタマイズする

「Admin Menu Editor」は管理画面のメニューのカスタマイズに特化したプラグインで、メニュー名、表示順、表示・非表示をカスタマイズすることができます。

Admin Menu Editorは、管理画面の［プラグイン］＞［新規追加］で検索して追加できます。Admin Menu Editorをインストールすると、［設定］メニューに「Menu Editor」が追加され、このメニューよりカスタマイズできるようになります。

メニューに「Menu Editor」が追加される。

● 不要なメニューを非表示にする

非表示にしたいメニュー項目をクリックして選択した上で、［Hide without preventing access］ボタンをクリックすると、選択したメニューにクリックしたボタンと同じアイコンが表示され、非表示にすることができます。なお、［Delete menu］ボタンでメニューを削除できますが、デフォルトで存在するメニューは削除できないようになっています。

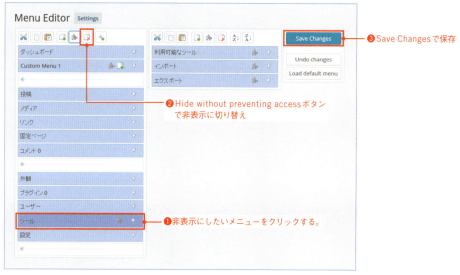

❸ Save Changesで保存
❷ Hide without preventing accessボタンで非表示に切り替え
❶ 非表示にしたいメニューをクリックする。

非表示にしたいメニュー項目を選択して、［Hide without preventing access］ボタンをクリックする。

277

14 | 03　管理画面に表示するメニューを変更する

設定前　　　設定後

◯ メニューの表示権限をカスタマイズする

　Chapter 14の01で説明した通り、権限グループによって権限が異なり、その権限に応じて管理画面に表示されるメニュー項目が変わります。メニュー項目の表示に必要な権限を変更するには、メニュー項目の▼アイコンをクリックして表示される［Required capability］プルダウンメニューから権限を選択します。

　また、Chapter 14の02で解説している「User Role Editor」プラグインで新たに作成した権限（comments-menu）も、この［Required capability］プルダウンメニューに表示されます。

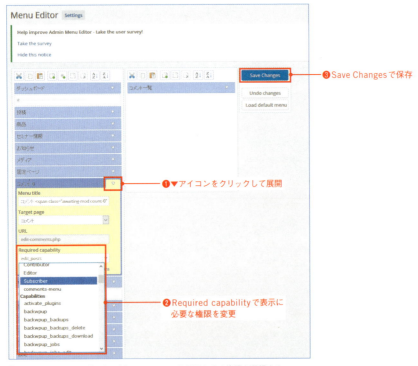

［Required capability］プルダウンメニューから必要とする権限を選択する。

14 | 03　管理画面に表示するメニューを変更する

●メニュー名を変更する

　投稿などは、ブログや新着情報として利用することが多くなるため、メニュー名もそれに合わせて変更したいところです。メニュー名を変更するには、メニューの▼アイコンをクリックして表示される［Menu title］を変更します。

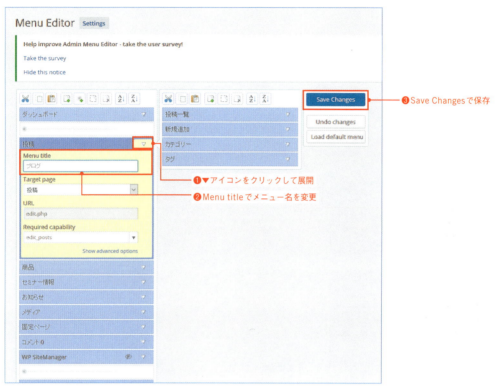

❶▼アイコンをクリックして展開
❷Menu titleでメニュー名を変更
❸Save Changesで保存

［Menu title］にメニュー名を入力する。

設定前　　　　　　設定後

14 | 03 　管理画面に表示するメニューを変更する

◉ メニューの順番を変更する

　管理画面では、上の方にあるほど目に付きやすいため、利用頻度の高い順に並べておくと使いやすくなります。Admin Menu Editorの管理画面では、ドラッグ＆ドロップでこの順番を変更できます。

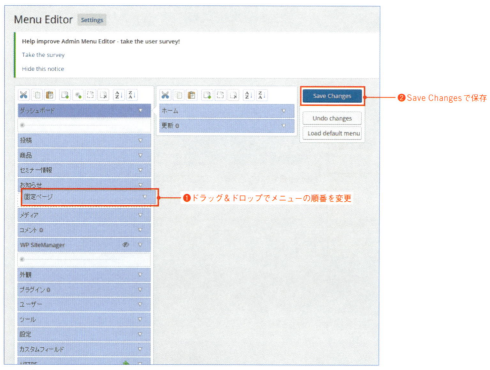

ドラッグ＆ドロップで順番を入れ替える。

CHAPTER 14　SECTION 04

効率よく運用するヒント

ビジュアルエディタの表示を実際の表示と合わせる

ビジュアルエディタでの編集時に、編集エリアの表示を公開時に近いものにしておくと、あらかじめレイアウトなどをイメージできるため、作業の手間を省くことができます。

● 編集エリアにCSSを適用する

　テーマのディレクトリ直下に「editor-style.css」という名前のCSSファイルを作成し、functions.phpにWordPress関数のadd_editor_style()を記述することで、ビジュアルエディタにeditor-style.cssが適用されるようになります。このeditor-style.cssに、テーマのスタイルを記述すれば、編集エリアの表示が公開時のスタイルに近くなるというわけです。

　テーマのstyle.cssの内容をそのまま記述すればよさそうですが、編集エリアは「mce ContentBody」というclassで囲われているため、実際に表示される際のclassと異なります。editor-style.cssを作成する場合は、この差違に注意してCSSのセレクタを設定する必要があります。

CODE　ビジュアルエディタにeditor-style.cssを適用する（functions.php）

```
add_editor_style();
```

editor_style.css適用前

14 | 04　ビジュアルエディタの表示を実際の表示と合わせる

editor_style.css適用後

実際のサイト表示

● ビジュアルエディタに適用するCSSファイルを変更する

　add_editor_style()のパラメータとしてCSSファイル名を記述することで、ビジュアルエディタに適用されるCSSファイルを変更できます。このパラメータには、ディレクトリ名も記述することができ、CSSファイルを特定のディレクトリ内に配置することも可能となっています。以下のコードでは、ビジュアルエディタにcssディレクトリ内のeditor.cssが適用されます。

▼ビジュアルエディタに任意のCSSファイルを適用する例（functions.php）
```
add_editor_style( 'css/editor.css' );
```

CHAPTER	SECTION	効率よく運用するヒント
14	**05**	**定型文などを簡単に入力・表示できるようにする**

コンテンツ内で、マップ・動画の埋め込みといった複雑なコードを出力するには「ショートコード」という機能を利用すると便利です。また、問い合わせ先など頻出するパーツの入力には、コードをテンプレートとして登録しておき、呼び出せるようにしておくと入力の手間を省くことができます。これらの機能と利用方法について理解しましょう。

● ショートコードを使う

「ショートコード」は、本文内でデータベース内の情報などの動的コンテンツの表示や、エディタから入力するには手間のかかるコードの入力を簡単に行うためのものです。編集画面上では[gallery]のようにブラケットで囲まれた表記となります。

WordPressには、デフォルトで利用できるショートコードとして、画像をキャプション付きで挿入したときに一緒に入る「caption」と、ギャラリーを挿入した際に入る「gallery」があります。これ以外にもプラグインなどを用いて、独自のショートコードを利用することもできます。

▼ 編集時のgalleryショートコード

```
[gallery ids="138,139,137"]
```

▼ 表示時に変換されたgalleryショートコード

```
<div id='gallery-1' class='gallery galleryid-249 gallery-columns-3 gallery-size-thumbnail
'><dl class='gallery-item'>
<dt class='gallery-icon landscape'>
<a href='http://example.com/product/51/attachment/ring-02/' title='ring-02'>
<img width="150" height="150" src="http://example.com/wp-content/uploads/2013/06/rin
g-02.jpg" class="attachment-thumbnail" alt="ring-02" /></a>
</dt></dl><dl class='gallery-item'>
<dt class='gallery-icon landscape'>
<a href='http://example.com/product/51/attachment/ring-03/' title='ring-03'>
<img width="150" height="150" src="http://example.com/wp-content/uploads/2013/06/rin
g-03.jpg" class="attachment-thumbnail" alt="ring-03" /></a>
</dt></dl><dl class='gallery-item'>
<dt class='gallery-icon portrait'>
<a href='http://example.com/product/51/attachment/ring-01/' title='ring-01'>
<img width="150" height="150" src="http://example.com/wp-content/uploads/2013/06/rin
g-01-150x150.jpg" class="attachment-thumbnail" alt="ring-01" /></a>
</dt></dl><br style="clear: both" />
<br style='clear: both;' />
</div>
```

14 | 05 定型文などを簡単に入力・表示できるようにする

● ショートコードで問い合わせ先の情報入力を簡易化する

WordPressデフォルトのショートコード以外にも、自分で作成した独自のショートコードを利用することもできます。簡単な例として、「contact」というショートコードで問い合わせ先を表示するコードを書いてみましょう。functions.phpに記述すると利用できるようになります。

CODE contactショートコードを実現するコード（functions.php）

```
（略）
function bourgeon_contact_shortcode() {          ――❶
  $output = <<< EOF          ――❷
<div class="inquiry-bnr bnr-1">
    <h2>お問い合わせ</h2>
    <p>お問い合わせはお電話、またはお問い合わせフォームよりお気軽に！</p>
    <div class="bnr-box">
       <p class="info"><span class="tel-number">TEL 03-0000-0000</span><br>営業時間　10：00
～19：00 </p>
       <div class="btn"><a href=""><span class="icon">お問い合わせフォーム</span></a></div>
    </div>
</div>
EOF;          ――❸
  return $output;          ――❹
}
add_shortcode( 'contact', 'bourgeon_contact_shortcode' );          ――❺
（略）
```

❶ショートコードで実行される関数contact_shortcode()を定義する。
❷EOF間の内容を$outputに格納する。<<<で文字列を区切る方法をヒアドキュメントという。EOFは、ヒアドキュメントの終端を示す文字列で、<<< に続いて終端文字列を定義する。
❸ヒアドキュメントを終了する。
❹変数$outputをWordPressの処理に戻す。
❺contactショートコードと、使用された際に呼び出される関数名contact_shortcodeを登録する。

contactショートコードの入力例

contactショートコードの表示例

14 | 05　定型文などを簡単に入力・表示できるようにする

● AddQuicktagを使って入力作業を簡易化する

「AddQuicktag」は、編集エリアのツールボタンに独自のボタンを追加できるプラグインです。このプラグインを用いて、サイト固有のスタイルのマークアップやショートコードを登録しておけば、ツールボタンから簡単に入力できるようになります。

AddQuicktagは、管理画面の［プラグイン］＞［新規追加］で検索して追加できます。AddQuicktagをインストールすると、［設定］メニューに「AddQuicktag」が追加され、このメニューより追加するタグの設定ができます。

クイックタグを追加する

ボタン化したいコードを「クイックタグ」として登録します。クイックタグの追加に最低限必要なのは［ボタン名］と［開始タグ］の2つです。［ボタン名］は、ツールボタンで表示される名称です。［開始タグ］は、囲み型のタグの場合は開始タグとなり、自己完結型のタグの場合はタグそのものとなります。囲み型のタグの場合は［終了タグ］に閉じタグを設定します。［順番］は、固定ページの順序同様にクイックタグの表示順の指定で、数字の小さい順に表示されます。［ビジュアルエディター］は、ビジュアルモード時に利用できるようにするかどうかです。それ以降のチェックボックスは、各投稿タイプで利用できるようにするかどうかになります。

メニューに「AddQuicktag」が追加される。

クイックタグの設定項目

14 | 05　定型文などを簡単に入力・表示できるようにする

登録したクイックタグを編集画面で使用する

　クイックタグを登録すると、テキストモードの場合、登録したクイックタグのボタンがツールバーに追加されます。ビジュアルモードの場合、ツールバーの2段目に追加されている［Quicktags］プルダウンメニューからクイックタグを選べるようになります。ビジュアルエディターでツールボタンが1段しかない場合は、［全ツール表示切り替え］ボタンをクリックして2段表示に変更してください。

　この追加されたクイックタグをクリック・選択することで、クイックタグを編集画面に挿入することができます。

テキストモード時

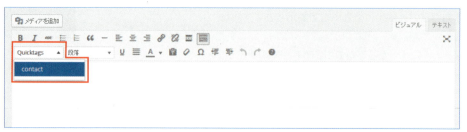
ビジュアルモード時

● TinyMCE Templatesを使って入力作業を簡易化する

　AddQuicktagは、本文テキストやショートコードのマークアップに向いています。一方、ブロックレベルでよく利用するコードを挿入するには、「TinyMCE Templates」というプラグインが便利です。

　TinyMCE Templatesは、管理画面の［プラグイン］＞［新規追加］で検索して追加できます。TinyMCE Templatesをインストールすると、専用メニュー「テンプレート」が追加され、このメニューよりテンプレートの追加・削除ができるようになります。

専用メニュー「テンプレート」が追加される。

14 | 05　定型文などを簡単に入力・表示できるようにする

テンプレートを追加する

　［テンプレート］＞［新規追加］より、新しいテンプレートを追加できます。通常の記事と同じように入力を行い、［公開］ボタンをクリックするとテンプレートとして登録されます。
　［ショートコードとして挿入］の選択で「はい」と設定した場合、テンプレートを呼び出した場合に編集画面に挿入されるコードがショートコードとなります。ショートコードで挿入された場合、テンプレートを編集することによって、事後的にテンプレートの箇所を一括変更できるメリットがあります。

TinyMCE Templatesのテンプレート登録画面

ショートコードとして挿入を選択

登録したテンプレートを編集画面で呼び出す

　［メディアを追加］ボタンの右に追加されている［テンプレートを挿入］ボタンをクリックすると、［テンプレートを挿入］ダイアログボックスが表示されます。［テンプレート］プルダウンメニューから登録済みのテンプレートを選択すると、［プレビュー］欄に選択したテンプレートの内容が表示されます。確認した上で［挿入］ボタンをクリックし、編集エリアにテンプレートを挿入します。

14 05　定型文などを簡単に入力・表示できるようにする

❶テンプレートを挿入ボタンをクリック
❷テンプレートを選択
❸テンプレートを挿入ボタンで完了

［テンプレートを挿入］ダイアログボックス

エディタに挿入されたテンプレートの内容

　挿入されるテンプレートは、入力済のコンテンツに対して上書きではなく、追加されるため、「パーツごとにテンプレートを登録しておき、パーツを組み合わせることでコンテンツの構成を行う」といったことも可能です。

288

CHAPTER 14 | SECTION 06

効率よく運用するヒント

フォームや管理画面をSSLで守る

通常のインターネット通信は暗号化されずそのままの内容で送信されるため、ログインパスワードや個人情報などが送信過程で読み取られてしまう危険性があります。SSLは、このような第三者に知られると不都合な情報の送受信を暗号化してくれる技術です。WordPressで管理画面やフォームをSSLにする方法を説明します。

サーバーでSSLを利用する場合は、別途SSL証明書の取得と設定が必要になりますので、あらかじめ手続きを行っておきましょう。

● WordPress HTTPS (SSL)を使ってSSL表示にする

「WordPress HTTPS (SSL)」は、管理画面やログイン画面、フォームなど特定のURLをSSL表示にするプラグインです。

WordPress HTTPS (SSL)は、管理画面の［プラグイン］＞［新規追加］で検索して追加できます。WordPress HTTPS (SSL)をインストールすると、専用メニュー「HTTPS」が追加されSSLの設定ができるようになるほか、記事編集画面にHTTPSの設定欄が追加され、記事ごとにSSLにするかどうかの設定ができます。

メニューに「HTTPS」が追加される。

● WordPress HTTPS (SSL)の基本の設定を行う

プラグインを有効化したら、まずは［HTTPS］メニューから基本設定を行いましょう。最低限設定が必要となるのは、［General Settings］の［Force SSL Administration］と［Force SSL Exclusively］です。［Force SSL Administration］は、管理画面とログイン画面をSSL化してくれるようになります。［Force SSL Exclusively］は、SSLページからのリンクを通常のHTTPに戻してくれるため、同一ページでSSLでの表示と非SSLでの表示の混在を防いでくれるようになります。［Proxy］［SSL Host］［Port］の設定は、一般的な環境では必要ありません。必要とされる環境の場合のみ設定してください。

［Domain Mapping］は、外部ドメインからJavaScriptやCSS、画像などのファイルを読み込む場合、その読み込み先がSSLと非SSLでドメインが異なる場合に設定します。［URL Filters］は、特定のURLをSSL表示にしたい場合に記述します。WordPress HTTPS (SSL)では、記事ごとにSSLの設定となっています。これでは設定できないカテゴリーや、特定のURL以下を全てSSL表示にした場合には、［URL Filters］を利用します。

14-06 フォームや管理画面をSSLで守る

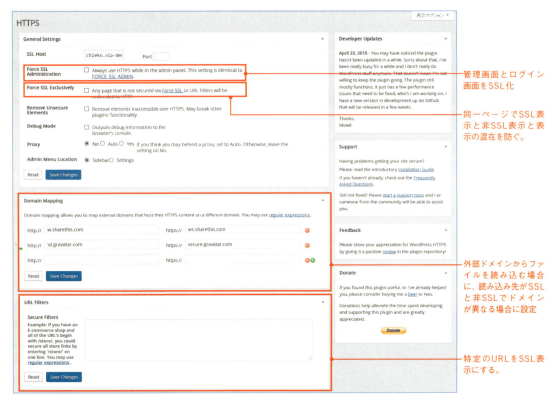

HTTPS設定画面

◯ 編集画面で記事SSL設定を行う

問い合わせフォームなど特定の記事をSSLで表示するには、個別投稿ページの［HTTPS］設定欄の［Secure post］にチェックを入れます。［Secure child posts］は、チェックを入れたページの子ページ全てがSSL表示となります。

> **MEMO**
> WordPress HTTPSは執筆時、2年以上更新されていませんが、SSLに対応できる有用なプラグインであり、更新が待たれます。

編集画面のHTTPS設定

14 | 06　フォームや管理画面をSSLで守る

COLUMN

WordPress HTTPSは、有効化するとSSLではないページ内のリンクをhttps://からhttp://に書き換えます。

そのため、https://からのリクエストしか受け付けないGoogleマップの埋め込みコードはエラーとなり、Googleマップは表示されません。

以下のコードのように、WordPress HTTPSのhttp_external_urlにフックすることで、httpsを維持することができます。

```
function bourgeon_googlemap_protocol( $url ) {
  if ( strpos( $url, 'www.google.com/maps/' ) !== false ) {
    $url = preg_replace( '#^http://#', 'https://', $url );
  }
  return $url;
}
add_filter( 'http_external_url', 'bourgeon_googlemap_protocol' );
```

CHAPTER	SECTION	運用とトラブルシューティング
15	**01**	

バックアップする、バックアップからサイトを復元する

WordPressのサイトのバックアップを作成する方法、そのバックアップからサイトを復元する方法を説明します。

WordPressでのバックアップ

バックアップというのは、万が一の場合に備えてデータを保存しておくことです。サーバーの不調によるデータの消失や破損、ウイルス感染など、大切なデータを失ってしまってからでは、どうすることもできません。バックアップをする習慣を付けましょう。WordPressのバックアップでは、以下の2種類のデータを保存する必要があります。どちらかが欠けても、サイトをもとの状態に戻すことはできません。

- **ファイル群（インストールしたテーマやプラグイン、アップロードした画像などのメディア）**
- **データベース**

バックアップは、定期的に行い、WordPressのバージョンアップなど、大きな変更を加える前にも行いましょう。

ファイル群のバックアップ

インストールしたテーマやプラグイン、アップロードした画像などのメディアは、wp-content以下に格納されています。その他にもプラグインなどが生成するファイルがある場合もあります。これらのファイルをFTPやSSHなどでサーバーにアクセスしてダウンロードします。

- **テーマ** 　　　/wp-content/themes/
- **プラグイン** 　/wp-content/plugins/
- **メディア** 　　/wp-content/uploads/

WordPressの本体のファイル群、デフォルトテーマ、WordPressに同梱されているプラグイン（Akismet、Hello Dolly、WP Multibyte Patch）は、WordPressを再インストールする際にも取得できるので、必ずしもバックアップが必要というわけではありません。状況に合わせてバックアップをするファイルを決めるとよいでしょう。

wp-config.phpもバックアップ

wp-config.phpには、データベースの接続情報があるほか、カスタマイズによってはwp-config.phpを編集することもあります。データベースの接続情報は変わるかもしれませんが、wp-config.phpの編集を伴うカスタマイズをしている場合には忘れずにバックアップしましょう。

15 | 01　バックアップする、バックアップからサイトを復元する

● phpMyAdminでデータベースをバックアップ

お使いのサーバーでphpMyAdminの機能が使用可能である場合は、エクスポートの機能を使ってデータベースのバックアップが可能です。

以下はChapter 01の01でローカルのテスト環境に導入したXAMPPに含まれるphpMyAdminで、データベースをバックアップする例です。

1 **phpMyAdminにアクセスし、WordPressで使用しているデータベースを選択して、［エクスポート］をクリックします。**

2 **［詳細］を選択してオプションを全て表示し、設定内容を確認したら、［実行］ボタンをクリックします。**

293

以上の作業で、データベースの内容をsqlファイルとしてダウンロードできます。

● BackWPupプラグインでバックアップ

データベースのバックアップはプラグインを利用して行うこともできます。バックアップ用プラグインはいくつかありますが、ここでは「BackWPup」を使ってみましょう。BackWPupでは、データベースの他にファイル群もバックアップできます。

BackWPupは、管理画面の［プラグイン］＞［新規追加］で検索して追加できます。BackWPupをインストールすると、管理画面に［BackWPup］というメニューが追加されます。

簡単にデータベースだけバックアップする

最も簡単にデータベースをバックアップするには、管理画面の［BackWPup］＞［Dashboard］にある［One click backup］の［Download database backup］ボタンをクリックします。これだけで、「データベース名.sql.gz」というファイル名で、圧縮されたsqlファイルをダウンロードできます。

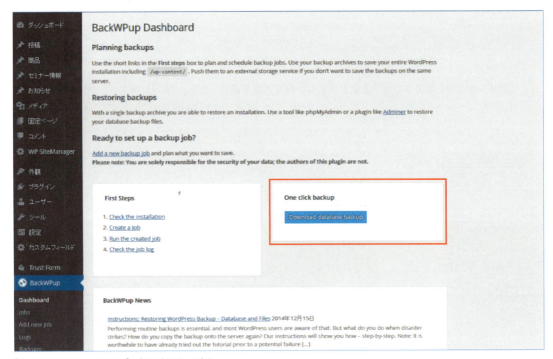

［Download database backup］ボタンをクリックする。

Jobを管理してバックアップする

BackWPupでは「Job」という名称で、バックアップの仕方を管理できます。いつ、何を、どこにバックアップするのかをJobで設定します。また、Jobは複数作ることができます。

15 | 01 バックアップする、バックアップからサイトを復元する

1　[BackWPup] ＞ [Jobs] を開き、[Add new] ボタンをクリックして、新しい Job を作成します。

2　[General] タブを開き、Job の基本を設定します。

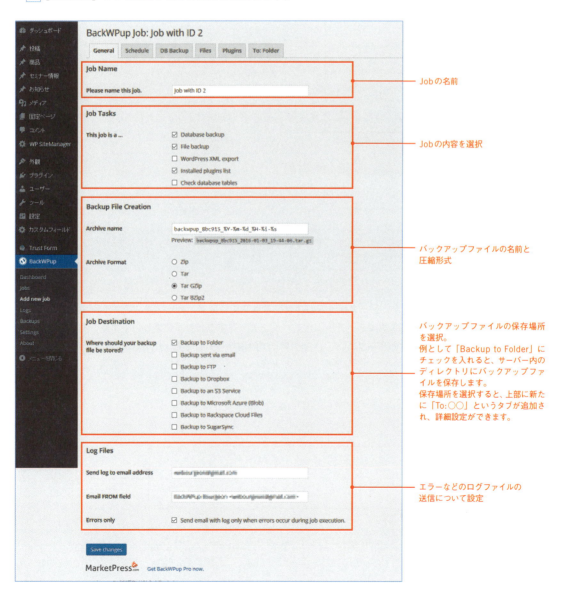

- Job の名前
- Job の内容を選択
- バックアップファイルの名前と圧縮形式
- バックアップファイルの保存場所を選択。
  例として「Backup to Folder」にチェックを入れると、サーバー内のディレクトリにバックアップファイルを保存します。
  保存場所を選択すると、上部に新たに「To:○○」というタブが追加され、詳細設定ができます。
- エラーなどのログファイルの送信について設定

295

3 [Schedule] タブを開き、Jobのスケジュールを設定します。[with WordPress cron] を選択すると、日時を設定できる。選択した場合は、バックアップする日時の設定もします。

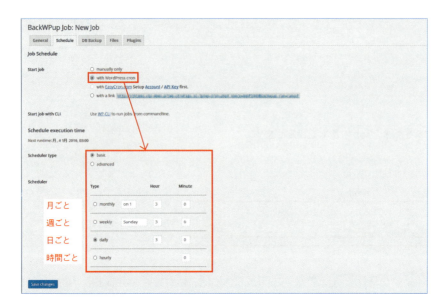

MEMO
WordPressのcronは、予約した時間に必ず動作するのではなく、その時間以降にWordPressが起動したときにはじめて動作します。WordPressが起動しないということは、変更が加えられていないことになります。バックアップという目的であれば、バックアップする時間が多少ずれても問題がないため[with WordPress cron]で十分でしょう。

4 [DB Backup] タブを開き、データベースのバックアップについて、テーブル、ファイル名、圧縮形式を設定します。基本的にテーブルは全てバックアップすることが望ましいですが、復旧する必要のないデータのみのテーブルは、バックアップ対象から外してもよいでしょう。

15 | 01　バックアップする、バックアップからサイトを復元する

5　**[Files]** タブを開き、ファイル群のバックアップについて、コアファイル、**wp-content** ディレクトリ、プラグインディレクトリ、テーマディレクトリ、アップロードディレクトリのそれぞれの設定をします。各 **[Exclude]** では、バックアップの対象から除外するものを選択します。

15 | 01　バックアップする、バックアップからサイトを復元する

6　[Plugins] タブを開き、プラグインのバックアップについて（[General] タブの [Job Tasks] で [Installed plugins list] にチェックを入れた場合）、インストールしたプラグインのリストのファイル名フォーマット、圧縮形式を設定します。

7　[To:Folder] タブを開き、[Folder to store backups in] にwp-contentディレクトリ以下の任意の場所を指定します。デフォルトでは uploads/backwpup-xxxxxx-backups/ となっていますが、適宜変更するのがよいでしょう。[File Deletion] にはバックアップしたファイルを保存しておく数を指定します。

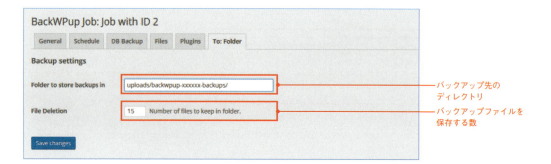

MEMO
データベースのバックアップファイルには重要な情報が含まれています。保存場所やアクセス権など、管理体制には十分注意しなければなりません。第三者がアクセス可能な場所に、バックアップファイルを置かないようにしましょう。

●バックアップからサイトを復元する

ファイル群をアップロードする

　テーマ、プラグイン、メディアなどのバックアップしたファイル群を、旧サイトと同じディレクトリ構造でアップロードします。wp-config.phpは、データベースの接続情報が変わっていれば、新しい情報に変更してアップロードします。

データベースを復元する

　BackWPupはバックアップの機能はありますが、データベースを復元する機能はありません。phpMyAdminなどを利用してインポートする必要があります。以下は、もとのWordPressサイトと復元するWordPressサイトのURLが変わらない場合の方法です。URLの変更を伴うWordPressサイトの移動に関しては、Chapter 15の02で説明します。

[1] **phpMyAdminにアクセスし、WordPressで使用するデータベースを選択して、[インポート] をクリックします。**

[2] **インポートするファイルを選択し、[実行] ボタンをクリックします。**

　インポートできるファイルの条件として、非圧縮のもの、もしくはgzip／bzip2／zipで圧縮されているもの、さらに圧縮ファイルの名前は「.[フォーマット].[圧縮形式]」で終わっている必要があります。

CHAPTER 15　SECTION 02

運用とトラブルシューティング

異なるドメイン（URL）へ安全に引越す

テスト環境から本番環境へ移行する際など、異なるドメイン（URL）へWordPressのサイトを移すときには、注意しなければならないことがあります。ここでは注意点とその解決方法を説明します。

● サイトのURLに注意する

　テスト環境から本番環境へ、または違うドメイン（URL）へWordPressのサイトを移すときには、注意しなければならないことがあります。それは、「サイトのURLの情報が、データベースに記録されている」ということです。そのままデータベースを移した場合、移した環境のURLとデータベース上のURLが異なるため、正しく動作しなくなります。

　このためデータベースにあるURL情報を書き換える必要がありますが、エディタなどで一括変換をした場合、プラグインが動かなくなったり、一部動作がおかしくなったりすることがあります。

　その原因の1つとして挙げられるのが、「データベースに保存されたデータは、単なる文字列だけでなく、シリアライズという変換されたデータも一緒に保存されていることがある」ためです。シリアライズされたデータでは、保存されるデータが「型:バイト数:値」の形式となります。この形式を以下のURL情報の例を対応させると「string型:23バイト:URLの値」という意味になります。なお、日本語などのマルチバイト文字が値の場合、値の文字数とバイト数は必ずしも一致しません。

▼データベースに記録されているURL情報の例

書き換え前
`s:23:"http://www.example.com/";`

 URLだけを書き換えた場合、s:23と実際のURLの文字数が合わない

書き換え後
`s:23:"http://www.example.com/wp";`

　URLだけを書き換えた場合、URLの文字数が増えているのに、URLの文字数が23のままなので、シリアライズされたデータを利用している場合に不具合が出てしまいます。

● 安全な引越し方法

　シリアライズされたデータも含めて安全に引越しをする上で役立つスクリプトが、interconnectit.comから配布されています。スクリプトを利用する前の準備として、Chapter 15の01を参考に、移行先の環境で、WordPressのファイル、テーマやプラグインなどのアップロード、wp-config.phpのデータベース接続情報の書き換え、データベースのインポートまでを完了させておきます。

1 「Database Search and Replace Script in PHP」にアクセスして、［Download v 3.1.0］ボタンをクリックして、スクリプトをダウンロードします。

https://interconnectit.com/products/search-and-replace-for-wordpress-databases/

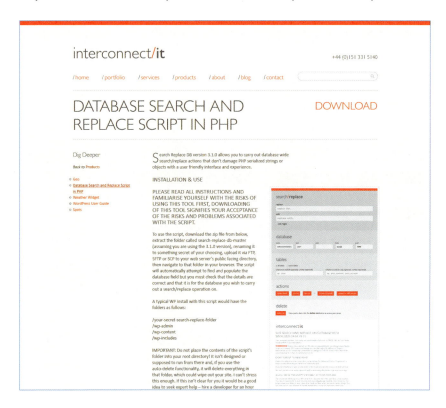

2 解凍したフォルダ「Search-Replace-DB-master」を移行先のWordPressをインストールしたディレクトリにアップロードします。

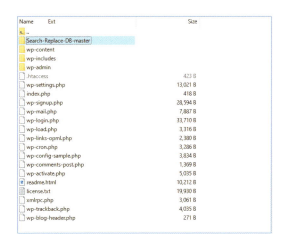

15 | 02 異なるドメイン（URL）へ安全に引越す

3 http://【WordPressをインストールしたURL】/Search-Replace-DB-master/にアクセスします。「search/replace」に引っ越し前のURL/引っ越し後のURL、「database」にデータベースの接続情報を入力し、「tables」で書き換えるテーブルを選択します。「actions」の[dry run]で書き換え内容の確認後、[live run]でデータベースの書き換えを実行します。

❶ 右枠：置換対象テキストの検索、左枠：置換後のテキスト
❷ データベース接続情報
❸ 置換対象テーブル。[all tables] を選択するとデータベース全体を置換する
❹ まず [dry run] ボタンで実際の置換を伴わない検索を行い、意図通りの検索が行われていれば [live run] で実際の置換を行う

4 データベースの置換後、アップロードした「Search-Replace-DB-master」ディレクトリを削除します。

アップロードした「Search-Replace-DB-master」をそのままにしておいた場合、誰もがWordPressのデータベースを書き換えられる状態となり、非常に危険です。完了後は必ずディレクトリを削除してください。

　移行先のWordPressにログインし、管理画面のURLが新しいものに変わっているか、記事や画像などが正常に表示され、リンクや画像の読み込み先が移行先のものとなっているか、メニューなども機能しているかなどを確認します。

　パーマリンクを［基本］以外に設定している場合は、管理画面の［設定］＞［パーマリンク設定］で、設定は変更せずに［変更を保存］ボタンをクリックして、パーマリンクを更新しておきましょう。

　正常に移行できない場合には、バックアップファイルが適切な状態であるか、破損していないか、手順を誤っていないかなどを確認します。また、インポートが何らかの理由で正常に行われていない可能性もあるので、再度インポートしてみてください。

CHAPTER **15** | SECTION **03**

運用とトラブルシューティング

トラブルのない運用のために

トラブルのない**WordPress**のアップグレードの方法と、困ったときのトラブルシューティングを説明します。

● トラブルのないアップグレードの方法

WordPressのアップグレードは、ほとんどの場合、管理画面でボタンを1回押すだけで終わってしまうほど簡単にできます。それでも、不用意なアップグレードによって表示や動きがおかしくなるなどのトラブルが起きてしまうことがあります。トラブルなくアップグレードする方法について説明します。

▌ アップグレードの必要性

WordPressはメジャーアップグレード（例　4.3から4.4へ）の他に、マイナーバージョンアップ（例　4.4から4.4.1へ）も頻繁に行われています。メジャーアップグレードは大きな機能の追加や修正、バグやセキュリティに関する修正、マイナーバージョンアップはバグやセキュリティに関する修正が主な内容となっています。

WordPressを常に最新の状態に保つということは、WordPressのサイトを安全に保つということにもつながります。

● 安全なアップグレードの手順

1 ▌ 動作環境の確認

新しいバージョンが動作するため必要なPHPとMySQLのバージョンを確認します。サーバーの環境によっては、最新バージョンが使えないこともあります。古い環境のサーバーは、WordPressの最新バージョンが使えないというだけでなく、セキュリティなどの面からも不安があります。サーバー管理者にPHPとMySQLのバージョンを上げてもらう、サーバーの移転を検討するなど、最新バージョンを利用できる環境を整えるようにしましょう。

2 ▌ データベースとファイルのバックアップをする

Chapter 15の01を参考にデータベースとファイル群のバックアップをします。

3　全てのプラグインを停止する

　動いている全てのプラグインを停止します。プラグインによっては、WordPressがアップグレードするときの動作に干渉してしまいます。

4　［今すぐ更新］をクリック

　管理画面の［ダッシュボード］＞［更新］から［今すぐ更新］ボタンをクリックします。アップグレードが始まるので、完了するまでそのまま待ちます。

更新が始まります。

5　アップグレードが完了したらプラグインを有効化

　「成功: WordPress バージョン4.4への更新に成功しました」と表示され、「ようこそ」の画面に遷移します。アップグレードが完了したら、プラグインを有効化します。WordPressのアップグレードにプラグインの対応が遅れる場合があります。新しいWordPressのバージョンで動作しないこともあるかもしれません。プラグインが新しいWordPressのバージョンに対応しているかどうかは、公式サイトのプラグインのページで対応状況を確認できます。

　プラグインが対応するまでに時間がかかる、対応しないという場合には、他のプラグインの利用を検討しましょう。

15 | 03　トラブルのない運用のために

プラグインの対応状況は、公式サイトのプラグインのページで確認できる。

アップグレードとテスト環境

　実際に稼働しているWordPressのサイトでは、テーマ、プラグインなどが複雑に関係し合っていることが多いものです。前述したアップグレード手順を踏んでも、稼働しているサイトがアップグレード後に正常に動くかどうかわかりません。そのため、Chapter 01で作成したような、テスト環境でアップグレードをテストし、問題がないことを確認してから、本番環境のアップグレードを行います。

● 困ったときのトラブルシューティングあれこれ

　WordPressのサイトを制作・運営していく上で、トラブルに遭うこともあり得ます。そのようなときに、どのようにして問題点を見つけ出し、解決するかという手順を知っていれば、自分で解決できることも多くなります。以下に、はじめに行うべきトラブルシューティングについて説明します。

はじめに行うべきトラブルシューティング

直前に行った作業を確認する

　トラブル発生の直前にどのような作業を行ったのかを考え、もとに戻せるものがあれば戻しましょう。もとに戻せなくても、原因の究明に役立ちます。当たり前のことかもしれませんが、まず、「何をしたらどうなったか」をきちんと整理します。

305

15 | 03 トラブルのない運用のために

プラグインを停止する

使用中のプラグインを全て停止します。プラグインを停止して解決するようであれば、原因は
プラグインであると考えられます。停止したプラグインを1つずつ有効化して、トラブルが再現
できるかどうか確認していきます。

テーマをデフォルトに戻す

テーマをデフォルトのものに戻します。デフォルトテーマで正常に動作すれば、現在使用して
いるテーマが原因です。その後、原因となっている部分を探していきます。また、テーマとプラ
グインの組み合わせが原因となることもあるので、場合によっては、テーマとプラグインの組み
合わせを1つずつ確認します。

キャッシュを削除する

変更が反映されない場合、ブラウザのキャッシュが原因になってることがよくあります。
キャッシュを削除してみましょう。また、キャッシュプラグインを利用している場合には、プラ
グインによって生成されたキャッシュファイルも削除します。

HTMLやCSSを確認する

単純な表示崩れの場合は、まず出力されているHTMLを確認します。閉じタグが足りない、余
計なタグが入っているということが考えられます。同様にCSSについても確認しましょう。この
手順は、通常のサイト制作で行うものと同じです。

ブラウザを変える

特定のOSやブラウザが原因の場合もあります。

ログアウトする

ログアウトして状況に変化があるかも確認します。

Chapter 15の04では「Debug Bar」プラグインを使用したエラーの表示方法も紹介します。

CHAPTER 15 SECTION 04 運用とトラブルシューティング

デバッグプラグインを活用する

サイトの表示が想定通りにいかない場合、まず必要なことは原因となっている箇所を突きとめることです。そのためには、目に見えないデータを可視化して確認することが大切です。その際に役立つ検証用プラグインを紹介しましょう。

◉ Debug Bar

　Debug Barは、ツールバーに検証用のデータを表示するプラグインです。この後紹介する他のデバッグ用プラグインを利用するにも必須となります。

　Debug Barは、管理画面の［プラグイン］＞［新規追加］で検索して追加できます。Debug Barをインストールすると、ツールバーの右上に［Debug］ボタンが追加されます。

ツールバーの右上に［Debug］ボタンが追加される。

　検証したいページを表示した上で［Debug］ボタンをクリックすると、デバッグ画面が開き、画面上部にはサーバーの環境情報やメモリ使用量が表示されます。［Request］メニューでは、パーマリンクからクエリー文字列へ変換した内容が表示されます。クエリー文字列は、データベースから合致する記事を取り出す条件となるものなので、意図しない404などが表示された場合は、まずこれを確認しましょう。

デバッグ画面の上部にサーバーの環境情報やメモリー使用量が、
［Request］メニューにはページを表示する際のクエリー内容が表示される。

307

15 | 04 デバッグプラグインを活用する

● Debug-Bar-Extender

　Debug-Bar-Extenderは、Debug Barをより便利に拡張するプラグインで、パフォーマンスのチェックや不具合の原因特定に必要な情報を得ることができます。Debug-Bar-Extenderは2年以上更新されていないプラグインですが、大変便利なプラグインであり、今後の更新が期待されます。

　Debug-Bar-Extenderは、管理画面の［プラグイン］＞［新規追加］で検索して追加できます。Debug-Bar-Extenderをインストールすると、デバッグ画面に［Queries］［WP Query］［Profiler］［Variable Lookup］のメニューが追加されます。

　［Queries］メニューでは、表示しているWebページに要したデータベースクエリーの総数と所要時間、および個々のSQL文と実行時間が表示されます。ページによってデータベースクエリーが多すぎないかなど、データベース面のパフォーマンスを確認できます。

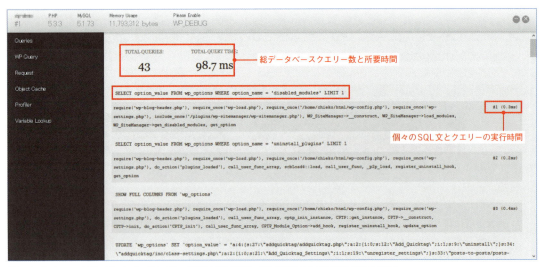

［Queries］メニューには、データベースクエリーの総数と所要時間、個々のSQL文と実行時間が表示される。

　［WP Query］メニューでは、メインクエリーのクエリー文字列とSQL文、適用されたテンプレートファイル名などが表示されます。404など表示がうまくいかない場合、Debug Barの［Request］メニューとともに原因特定に役立つ内容が掲載されています。

15-04 デバッグプラグインを活用する

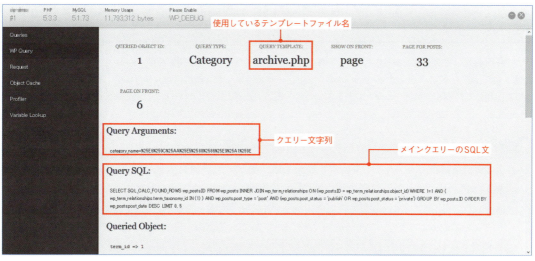

[WP Query]メニューには、メインクエリーのクエリー文字列とSQL文、適用されたテンプレートファイル名などが表示される。

　[Profiler]メニューでは、WordPressの実行にかかった時間が表示されます。[Total execution time]で全工程の所要時間がわかるほか、区間ごとの所要時間を見ることができます。[Summary]は、時間のかかった順に並んでいて、どこが遅いかがわかります。[Flow]では、実行順に表示されるため、遅い区間がどこに位置しているかがわかるようになっています。

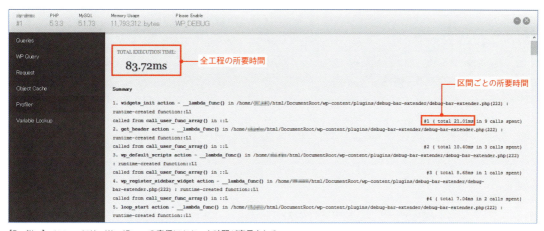

[Profiler]メニューには、WordPressの実行にかかった時間が表示される。

▼その他の便利なデバッグプラグイン

プラグイン	機能
Debug Bar Cron	WordPressのcronで予約されているイベントを確認できる。
Debug Bar Super Globals	COOKIEや環境変数、送信データなどのスーパーグローバル変数を確認できる。
Debug Bar Actions and Filters Addon	表示までに経由したアクションフック、およびフックに登録されている関数名を確認できる。

309

CHAPTER **16** | SECTION **01**

すぐにできるパフォーマンス改善とSEO対策

キャッシュを利用して読み込みを高速化する

WordPressは、アクセスがあったとき、リアルタイムにデータベースから記事内容を取得し、テンプレートと組み合わせて表示します。このため、サーバーのスペックやデータ量によっては表示が遅くなります。表示内容を一時データとして保存して再利用する「キャッシュ」を用いると、表示の高速化、サーバーの負荷軽減を実現できます。

● WP SiteManagerのキャッシュ機能を利用する

「WP SiteManager」のキャッシュ機能を用いて、表示速度の向上を図りましょう。WP SiteManagerのキャッシュ機能は、アクセスしたページのHTMLのソースをデータベースにキャッシュしており、ページ種別ごとにキャッシュの有効期限を調整できるなど管理しやすいものとなっています。また、マルチデバイスにも対応しているため、デバイスによってキャッシュを利用できないといったことはありません。

キャッシュを有効化する

WP SiteManagerのキャッシュ機能を利用するには、以下の手順が必要となります。

1 wp-contentディレクトリへの書き込み権限を許可する。
2 wp-config.phpに「define('WP_CACHE', true);」の記述を「require_once(ABSPATH . 'wp-settings.php');」より上に追加する。

上記の作業が完了したら、キャッシュが正しく動作するか確認しましょう。ログインしていたり、コメント投稿を行った後では、キャッシュが効かないようになっているので、ログインしていないブラウザなどで確認しましょう。

キャッシュによる表示の場合は、HTMLソースの最後に「<!-- page cached by WP SiteManager -->」のコメントが入ります。また、レスポンスヘッダーにも「X-Static-Cached-By:WP SiteManager」が入るようになっています。

```
</body>
</html>
<!-- page cached by WP SiteManager -->
```

キャッシュによる表示の場合、HTMLソースの最後に
「<!-- page cached by WP SiteManager -->」のコメントが入る。

16 | 01 キャッシュを利用して読み込みを高速化する

キャッシュの設定を行う

　キャッシュを有効化したら、WP SiteManagerのキャッシュメニューから設定を行います。[キャッシュの有効期限]は、キャッシュのデータを作成時点からどのくらい有効にするかで、デフォルトでは、トップページとカテゴリーなどのアーカイブページが60分、記事ページが360分となっています。頻繁に更新するサイトは短めにするなど、更新する頻度に合わせて適切に設定します。

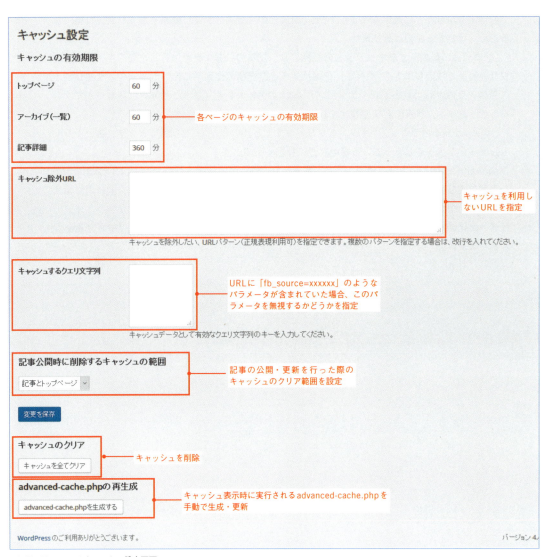

WP SiteManagerのキャッシュ設定画面

[キャッシュ除外URL] には、キャッシュを利用しないURLを指定します。フォームなどのデータ送信を行う場合は自動的にキャッシュ対象外となりますが、それ以外でアクセスごとに異なる情報を表示する場合などは、除外設定をする必要があります。

[キャッシュするクエリ文字列] は、URLに「fb_source=xxxxxx」のようなパラメータが含まれていた場合、このパラメータを無視するかどうかを指定します。パラメータの値によって表示する内容が変化する場合は、このテキストエリアにパラメータ名を設定して、パラメータによって異なるキャッシュを利用できるようにしましょう。なお、パーマリンクの設定を「基本」で利用する場合などに使用されるpやcat、mなどのパラメータは、標準でキャッシュ対象になるため、設定する必要はありません。

[記事公開時に削除するキャッシュの範囲] は、記事の公開・更新を行った際のキャッシュのクリア範囲を設定します。[すべて] を選択すると、記事の更新時に全てのページでダイレクトに更新の反映が行われますが、アクセスが多いようなサイトの場合だと負荷が高まりやすくなるので、サイトの状況に応じて設定をしましょう。

[キャッシュを全てクリア] ボタンをクリックすると、キャッシュを削除できます。古いキャッシュデータが残ってしまっている場合などに利用します。

[advanced-cache.phpの再生成] は、キャッシュ表示時に実行されるadvanced-cache.phpを手動で生成・更新するためのものです。通常利用の範囲においては、使用する必要はありませんが、advanced-cache.phpにはデバイス判定の条件やキャッシュとして有効なパラメータのリストが記述されているため、この設定を変更した場合は、再生成を行い設定を反映させる必要があります。

CHAPTER **16** | SECTION **02**

すぐにできるパフォーマンス改善とSEO対策

適切なメタ情報を設定する

メタ情報を適切に設定することは、Googleをはじめとした検索エンジンからのアクセスを確保するのに、多少なりとも必要なことです。「WP SiteManager」の機能を利用して適切なメタタグが出力されるようにしましょう。

「WP SiteManager」がインストールされていると、メタ情報は自動的に出力されるようになっていますが、より適切な情報が表示されるようインストール時に設定しておきましょう。メタ情報の設定は、管理画面の［WP SiteManager］＞［SEO&SMO］や、投稿編集両面の［メタ情報］設定欄にて行います。これら設定は、同時に出力設定ができるOGP（Chapter12の03参照）やTwitter Cards（Chapter12の04参照）にも反映されるようになっています。

●共通キーワード、ディスクリプションを設定する

まずは、［サイトワイド設定］の［共通キーワード］と［基本ディスクリプション］の設定を行いましょう。［共通キーワード］は、サイト全体で共通して用いられるキーワードで、全てのページにおいて出力されます。［基本ディスクリプション］は、最も優先度が低いディスクリプションとなり、他のページで設定がされていない場合などに用いられます。

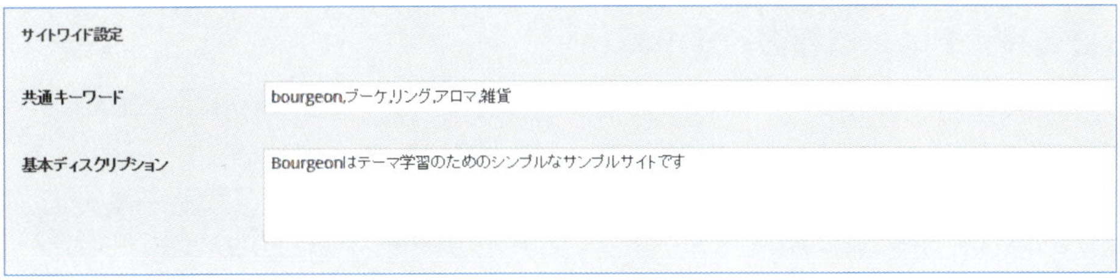

［共通キーワード］はサイト全体で共通して用いられるキーワード、
［基本ディスクリプション］は最も優先度が低いディスクリプションとなる。

313

●記事、タクソノミーを設定する

続いて、[記事設定]と[タクソノミー設定]を行いましょう。[記事設定]の[記事のキーワードに含める分類]は、記事ページの表示を行っている際、チェックを付けた分類に属している分類名がキーワードに含まれるようになります。

[記事のメタディスクリプション]は、記事のメタディスクリプションが設定されていない場合に、抜粋や本文から自動的にディスクリプションを作成するようになります。

[タクソノミー設定]の[タクソノミーのメタキーワード]は、分類名をキーワードに自動的に追加するようになります。

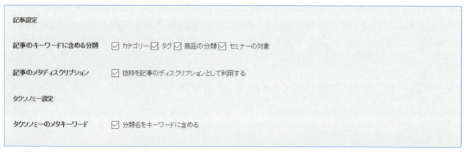

[記事設定]では分類名をキーワードに含めるかどうか、ディスクリプションが未設定の場合に自動生成するかどうかを設定する。[タクソノミー設定]では、分類名をキーワードに自動的に追加するかどうかを設定する。

●投稿編集画面でメタ情報の設定を行う

WP SiteManagerをインストールすると、投稿編集画面に[メタ情報]設定欄が追加されるので、ここに適切なキーワードとディスクリプションを入力します。

[メタキーワード]は、加算式になっているので、[サイトワイド設定]の[共通キーワード]と同じものを入力する必要はありません。[メタディスクリプション]は120文字以内で入力します。

投稿編集画面の[メタ情報]の設定欄。[メタキーワード]には適切なキーワードを入力し、[メタディスクリプション]は120文字以内で入力する。

16 | 02　適切なメタ情報を設定する

　[WP SiteManager]＞[SEO&SMO]で設定した内容と、編集画面の[メタ情報]の設定欄で設定した内容の、優先度や適用ルールは下図のようになっています。

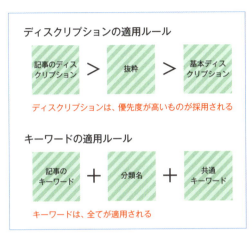

メタ情報の適用ルール

● 分類編集画面でメタ情報の設定を行う

　投稿編集画面同様、カテゴリーなどの分類編集ページにも[メタ情報]設定欄が追加されているので、それぞれ適切に設定を行います。

分類編集画面の[メタ情報]設定欄。投稿編集画面同様に設定する。

索引

テンプレートタグ

add_editor_style()	282
add_image_size()	133
add_theme_support()	129
body_class()	083, 085
dynamic_sidebar()	204
get_custom_header()	136
get_footer()	062
get_header()	062
get_option()	090
get_post_custom()	169
get_post_meta()	169
get_search_form()	062
get_sidebar()	062
get_template_part()	063
get_the_date()	098
get_the_terms()	160
is_archive()	082
is_category()	082, 098
is_date()	082
is_day()	098
is_front_page()	082
is_home()	082
is_month()	098
is_page()	081, 082
is_single()	082
is_tag()	082, 098
is_year()	098
next_post_link()	093
next_posts_link()	102
post_class()	083
post_password_required()	226
previous_post_link()	093
previous_posts_link()	102
register_nav_menus()	192
register_post_type()	146, 215
register_sidebar()	203, 204
register_taxonomy()	152
set_post_thumbnail_size()	132
single_cat_title()	098
single_tag_title()	098

switch_to_blog()	122
the_author()	092
the_category()	090
the_date()	088
the_excerpt()	101
the_meta()	168
the_permalink()	100
the_post_thumbnail()	131
the_tags()	091
the_terms()	160
the_time()	088
wp_footer()	064
wp_get_archives()	269
wp_get_sites()	123
wp_head()	064
wp_link_pages()	093
wp_list_categories()	268
wp_list_pages()	076, 188, 268
wp_nav_menu()	193
WP_Query()	210

記号／数字

$wp_query	071
<!--more-->	108
<?php ?>	066
404.php	057

アルファベット

AddQuicktag	285
Admin Menu Editor	277
Advanced Custom Fields	171, 182
Akismet	023
archive-{post_type}.php	056
attachment	127
BackWPup	294
Contact Form 7	244
CSS	137
CSSファイル	030
Custom Post Type UI	146
Debug Bar	307

Facebookと連携	234
footer.php	061
front-page.php	055
Google Map	175, 187
GPLライセンス	037
header.php	061
home.php	055, 056
HTML+CSS	036, 058
ID	033
Image Widget	205
Jetpack	230
Jetpack by WordPress.com	228
MAMP	014
mod_rewrite	025
OGP（Open Graph Protocol）	230, 234
page.php	056
phpMyAdmin	017, 293
PHPファイル	030
Posts 2 Posts	222
PS Taxonomy Expander	155
screenshot.png	030
search.php	057
sidebar.php	061
Simple Map	187
SSL	289
Stop the Bokettch	020
style.css	037, 059
TinyMCE Templates	286
Trust Form	244
Tweet, Like, Google +1 and Share	232
Twenty Sixteen	026
Twitter Cards	239
Twitterと連携	239
Types	146
User Role Editor	274
WordPress Codex	066
WordPress HTTPS (SSL)	289
WordPressのテーマ化	036
WordPressループ	068, 071, 206
WP SiteManager	234, 240, 252, 258, 262, 266, 310, 313
WP Social Bookmarking Light	232
wp-config.php	021, 025, 114
Wysiwygエディタ	174
XAMPP	014
Yet Another Related Posts Plugin	220

あ

アーカイブページ	096
〜のタイトルを出し分ける	098
アイキャッチ画像	129
〜に関するCSS	138
〜のサイズを指定する	132
〜を表示する	131
値	168
アップグレード	303
アップデート	023
一覧ページ	050
インクルードタグ	062
インストール	018
ウィジェット	201
エスケープ処理	169
お問い合わせフォームを設置する	244
親子関係	074
親ページ	217
オリジナルテーマ	035

か

階層構造	047
カスタムテンプレート	080
カスタム投稿タイプ	043, 045, 056, 140
〜にカスタム分類を作成する	153
〜のアーカイブページ	164
〜の個別投稿ページ	159
〜を作成する	146
カスタムフィールド	167
〜を応用	180
〜を拡張する	171
〜をリストで表示する	168
カスタム分類	141, 151
〜の項目を表示する	160
〜を作成する	152
カスタムヘッダー	134
〜を表示する	136
カスタムメニュー	188
〜に追加されるclass	196

317

〜の位置を定義する	192
〜の表示位置を決める	191
〜を画像に置き換える	198
〜をデザインする	196
画像の管理	124
画像配置に関するCSS	137
カテゴリーを表示する	090
管理画面のメニューをカスタマイズする	277
関連記事を表示する	219
記事のタイトルにリンクを付ける	100
記事の抜粋を表示する	101
記事を表示する仕組み	069, 071
キャッシュ	310
キャプションに関するCSS	138
共通キーワード	313
権限	271
〜をカスタマイズする	274
権限グループ	271
検索エンジンがサイトをインデックスしないようにする	020
公式テーマ	041
更新されるページと更新されないページ	042
高速化	310
項目（ターム）	151
コーディング	036
固定ページ	043, 044, 056
〜のメニュー	076
〜をループで表示する	073
子テーマ	038
〜の作り方	039
子ページ	217
〜のみにコンテンツを表示する	084
個別投稿ページ	087
コメント欄	224

さ

サイト	
〜設計図	042
〜のID	122
〜の設計	036
〜マップ	042, 047, 262
〜を移す	300
サイドバー	061
作成者を表示する	092

サブディレクトリ型	113
サブドメイン型	113
サブループ	210
（さらに…）の言葉を変える	109
自動生成される画像サイズ	128
〜を複数追加する	133
順序	075
条件分岐タグ	082, 098
ショートコード	283
スターターテーマ	041
スラッグ	033
セレクトボックス	174
前後の記事へのリンクを表示する	093
前後のページへのリンクを付ける	102
ソーシャルサービスと連携	224
ソーシャルボタン	230

た

タームを色分けして表示する	160
代替画像を表示する	131
タグ	219
タグを表示する	091
「続きを読む」リンクに変える	101
定型文	283
ディスクリプション	313
デイトピッカー	175
データベース	017, 167, 293
テーマ	026
〜のアップデート	038
〜のディレクトリ	027
テーマ作成	035, 058
テーマユニットテスト	139
デザイン	080
テスト環境	012
デバッグプラグイン	307
デフォルトテーマ	027
添付ファイル	043
テンプレート階層	031, 055, 080
テンプレートタグ	066
テンプレートファイル	028, 037, 055
〜の適用ルール	031
投稿	043, 044
投稿タイプ	043, 048